网络系统建设与运维 1+X 证书配套用书
职业教育新型活页式教材

网络系统
建设与运维实训教程

主 编◎ 郭 颖
副主编◎ 李冬海 潘 柳

电子工业出版社
Publishing House of Electronics Industry
北京·BEIJING

内 容 简 介

本教材依据《网络系统建设与运维职业技能等级标准》（初级）进行开发，可以作为专业课教材。主要内容包括工程线缆部署、安装网络机柜、网络设备安装部署、网络机柜线缆连接与部署、网络设备操作系统操作、网络设备登录管理、机房周期巡检、网络系统维护与故障处理共 8 个项目场景 20 个任务，让读者在完成项目任务的过程中，学会网络系统硬件安装、基础操作和基础运维技术。

本教材可作为中等职业院校计算机相关专业的教材，也可作为相关专业人员的自学用书。

未经许可，不得以任何方式复制或抄袭本书之部分或全部内容。

版权所有，侵权必究。

图书在版编目（CIP）数据

网络系统建设与运维实训教程 / 郭颖主编. —北京：电子工业出版社，2022.6

ISBN 978-7-121-43804-2

Ⅰ. ①网… Ⅱ. ①郭… Ⅲ. ①计算机网络—网络系统—中等专业学校—教材 Ⅳ. ①TP393.03

中国版本图书馆 CIP 数据核字（2022）第 107930 号

责任编辑：关雅莉　　文字编辑：张志鹏
印　　刷：涿州市般润文化传播有限公司
装　　订：涿州市般润文化传播有限公司
出版发行：电子工业出版社
　　　　　北京市海淀区万寿路 173 信箱　邮编　100036
开　　本：787×1 092　1/16　印张：7.5　字数：180 千字
版　　次：2022 年 6 月第 1 版
印　　次：2022 年 6 月第 1 次印刷
定　　价：39.80 元

凡所购买电子工业出版社图书有缺损问题，请向购买书店调换。若书店售缺，请与本社发行部联系，联系及邮购电话：（010）88254888，88258888。

质量投诉请发邮件至 zlts@phei.com.cn，盗版侵权举报请发邮件至 dbqq@phei.com.cn。

本书咨询联系方式：（010）88254576，zhangzhp@phei.com.cn。

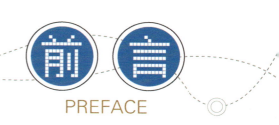

本教材依据《网络系统建设与运维职业技能等级标准》（初级）进行开发，按完成项目任务的工作流程组织和呈现内容。

（1）定位及目标。

本教材旨在帮助学生在完成项目任务的过程中，加深对网络系统建设与运维知识技能的理解和运用。

（2）总体教学要求建议。

本教材建议课时数为 40 学时，安排建议见下表（仅供参考）。

项目	内容	学时
1	工程线缆部署	4
2	安装网络机柜	4
3	网络设备安装部署	6
4	网络机柜线缆连接与部署	4
5	网络设备操作系统操作	8
6	网络设备登录管理	6
7	机房周期巡检	4
8	网络系统维护与故障处理	4
合计		40

本教材是受广西职业教育第二批专业发展研究基地专项经费支持的研究成果。教材编写团队针对广西职业教育计算机应用专业群的核心课程，积极探索"课证融通"改革，从新一代信息技术产业发展的角度出发，选择网络系统建设与运维专业课程开发了这本相应的新型活页式教材，并配备数字化教学资源，打造新形态一体化教材。

本教材遵循职业能力的培养规律，强调以学生为中心，关注新技术发展动态，力争满足"互联网＋职业教育"的总体需求。教材在内容上打破学科体系、知识本位的束缚，加强与生产、生活的联系，突出应用性与实践性。教材可结合线上教学资源进行学习，或在线下作为工作手册使用。

本教材由郭颖任主编，李冬海、潘柳任副主编。具体编写分工为：郭颖（项目 5、项目 6）；李冬海（项目 1、项目 2 任务 2-1、项目 3、项目 4）；潘柳（项目 2 任务 2-2、项目 7、项目 8）。

由于编者水平有限，时间仓促，书中难免存在不足之处，敬请读者批评指正。

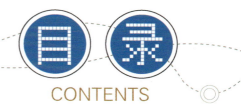

项目1 工程线缆部署 ·· 001

任务1-1 配线架端接 ··· 003

任务1-2 光纤熔接 ··· 008

项目2 安装网络机柜 ·· 015

任务2-1 安装壁挂式网络机柜 ·· 017

任务2-2 安装落地式网络机柜 ·· 020

项目3 网络设备安装部署 ·· 025

任务3-1 安装交换机 ·· 027

任务3-2 安装路由器 ·· 032

任务3-3 安装AC与AP ·· 037

项目4 网络机柜线缆连接与部署 ·· 043

任务4-1 网络跳线制作与测试 ·· 045

任务4-2 线缆连接与部署 ·· 049

网络系统 建设 与 运维实训教程

项目5　网络设备操作系统操作 ································053

　任务5-1　切换CLI视图及查看VRP版本信息 ··············055

　任务5-2　更改设备名称及保存配置文件 ·················058

　任务5-3　辅助输入配置命令 ·························061

　任务5-4　使用查询命令 ···························064

项目6　网络设备登录管理 ···························067

　任务6-1　通过Console接口登录管理网络设备 ············069

　任务6-2　通过Telnet登录管理网络设备 ················075

　任务6-3　通过STelnet登录管理网络设备 ···············079

项目7　机房周期巡检 ····························083

　任务7-1　机房环境和网络设备巡检维护 ·················085

　任务7-2　网络系统硬件和软件资源管理 ·················093

项目8　网络系统维护与故障处理 ·····················099

　任务8-1　网络系统维护和故障信息采集 ·················101

　任务8-2　故障定位诊断与修复 ·······················108

项目 1

工程线缆部署

一、学习目标

（一）知识与技能目标

1．理解网络机柜的结构情况和布线工程的标准与规范。

2．熟悉常用工具及仪器、通信线缆及其连接器件。

3．掌握配线架端接的方法与步骤。

4．掌握光纤熔接的方法与步骤。

（二）过程与方法目标

1．通过具体的实训任务，熟悉网络机柜的结构，学会使用常用工具及仪器和通信线缆及其连接器件。

2．能够在教师的指导下，通过自主学习、合作学习、探究学习等方式，独立完成配线架端接和光纤熔接的工作。

（三）情感态度与价值观目标

1．通过实训学习培养学生举一反三，分析、处理和解决问题的能力。

2．通过实训学习，建立规范操作的意识和遵守标准的意识。

3．培养认真负责、细致工作的态度。

二、工作页

（一）项目描述

A 公司购买了一批新的网络设备，作为该公司网络管理员应该尽快熟悉这些网络设备，并将这些网络设备按要求规范安装到指定的网络机柜或机架上。在安装网络设备之前，首先要将配线架安装到网络机柜上，然后再将光纤连接到网络机柜中。

（二）任务活动及学时分配表

序号	任务活动	学时安排
1	配线架端接	2 课时
2	光纤熔接	2 课时

（三）工作流程

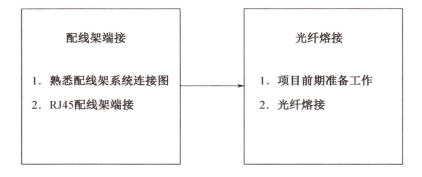

工程线缆部署 **项目 1**

任务 1-1　配线架端接

一、建议学时

2 学时

二、学习目标

1. 熟悉常用工具及仪器和通信线缆及其连接器件。
2. 掌握配线架端接的方法与步骤。

三、学习准备

1. 准备工具：剥线钳 1 把、剪刀 1 把、压线刀 1 把、十字螺丝刀 1 把。
2. 准备耗材：网线若干、RJ45 配线架 1 个。

四、学习过程

（一）引导问题

1. 配线架端接有哪些步骤？
2. 配线架端接有哪些注意事项？

（二）计划与实施

♦ 步骤 1　熟悉配线架系统连接图。

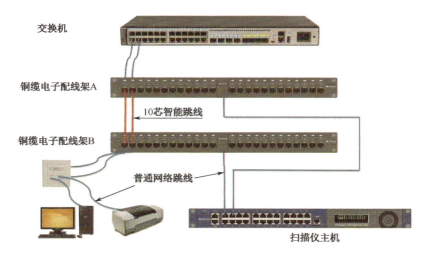

网络系统建设与运维实训教程

♣ 步骤2 RJ45 配线架端接。

序号	操作步骤	操作图示
1	双绞线剥除外皮，用剪刀剪掉抗拉线，剥除约 5cm 绝缘皮	
2	分开网线中的 4 对线对，将导线逐个置入相应的线槽内，遵照 RJ45 配线架上所示线序（ T568A 和 T568B），选择 T568B 标准	
3	使用压线刀将 8 条芯线逐个打入相应色彩的线槽中，将打线工具的刀口对准 RJ45 配线架上的线槽和导线，垂直向下用力，直至听到"喀"的一声，配线架外多余的线会被剪断	

004

工程线缆部署 **项目** 1

续表

序号	操作步骤	操作图示
4	将端接好的双绞线整理齐，用扎带将线固定于配线架上	
5	将固定螺母安装到网络机柜中，注意应从网络机柜中的提示标识处开始安装，一个配线架使用 4 个固定螺母	
6	将端接好的 RJ45 配线架用螺丝固定在网络机柜指定位置上	
7	贴上标签	

005

（三）评价反馈

评价内容		完成情况 （在相对应的选项里打√）				写出未完 成原因
		自我评价		小组评价		
一级指标	二级指标	已完成	未完成	已完成	未完成	
RJ45 配线架端接	双绞线剥除外皮，用剪刀剪掉抗拉线					
	分开网线中的 4 对线对，将导线逐个置入相应的线槽内					
	使用压线刀将 8 条芯线逐个打入相应色彩的线槽中					
	将端接好的双绞线整理齐，用扎带将线固定于配线架上					
	将固定螺母安装到网络机柜中					
	将端接好的 RJ45配线架用螺丝固定在网络机柜指定位置上					
	贴上标签					

五、学习拓展

（一）小词典

配线架：用于终端用户线或中继线，并能对它们进行调配连接的设备。配线架是管理子系统最重要的组件，是实现垂直干线和水平布线两个子系统交叉连接的枢纽。配线架通常安装在网络机柜或墙上。通过安装附件，配线架可以满足 UTP、STP、同轴电缆、光纤、音/视频的传输信号需要。在网络工程中常用的配线架有双绞线配线架和光纤配线架。根据使用地点、用途的不同，配线架还可以分为总配线架和中间配线架两大类。

工程线缆部署 **项目 1**

（二）小提示

1．安全提示。

（1）正确地使用压线钳，使用压线钳将线压入配线架的时候不要伤到手指。

（2）安装固定螺母的时候，注意安装过程中不要使手指受伤。

2．操作提示。

（1）压接的线序需要与配线架上的线序标识对应，不同品牌的配线架，线序可能不同。

（2）注意安装配线架的顺序和方向，不要接反。

任务 1-2 光纤熔接

一、建议学时

2 学时

二、学习目标

1. 掌握光纤熔接的操作步骤。
2. 掌握光纤熔接机的使用方法和技巧。
3. 掌握相关工具的使用方法和技巧。
4. 熟悉光纤的结构、导光机理和分类。
5. 熟悉 12 芯光分纤箱。

三、学习准备

1. 准备仪表：光纤熔接机、光纤红光笔。
2. 准备工具：光纤切割刀 1 把、三口光纤米勒钳 1 把、剪刀 1 把、酒精壶 1 个。
3. 准备耗材：热缩套管 12 个、无水乙醇、脱脂棉。

四、学习过程

（一）引导问题

1. 光纤熔接制作有哪些步骤？
2. 光纤制作完成后，如何测试其连通性？

工程线缆部署 **项目 1**

（二）计划与实施

🧩 **步骤** 1　项目前期准备工作。

序号	操作步骤	操作图示
1	准备仪表：光纤熔接机、光纤红光笔	
2	准备工具：光纤切割刀、三口光纤米勒钳、酒精壶	
3	准备耗材：热缩套管、无水乙醇、脱脂棉	

🧩 **步骤** 2　光纤熔接。

序号	操作步骤	操作图示
1	按色谱排序	
	待熔接的两端分别是光缆端和 12 芯尾纤端。将这两端的光纤按照色谱排序：蓝、橙、绿、棕、灰、白、红、黑、黄、紫、粉红、青绿	

■ 全色谱及标识

光纤	1#	2#	3#	4#	5#	6#	7#	8#	9#	10#	11#	12#
色谱	蓝	橙	绿	棕	灰	白	红	黑	黄	紫	粉红	青绿

009

网络系统建设与运维实训教程

续表

序号	操作步骤	操作图示
2	安装热缩套管：将 12 个热缩套管分别穿在 12 芯尾纤上	
3	剥除保护层：右手持三口光纤米勒钳，剥线钳应与光纤垂直，上方向内倾斜一定角度，然后用中间钳口轻轻卡住光纤，所露长度为 3～4cm 比较合适	
4	剥除树脂层：用三口光纤米勒钳最小剪口，慢慢将树脂层刮掉。会看到树脂层残渣留在刀口上。选取光缆端同样颜色的蓝色裸线，用同样操作，剥除蓝色树脂层	
5	清洁光纤：用脱脂棉按压酒精壶，蘸取适量无水乙醇，顺着光纤轴向方向轻轻擦拭光纤，以免损坏裸纤，力争一次成功。一块脱脂棉使用 2～3 次后要及时更换，每次要使用脱脂棉的不同部位和层面，这样既可提高脱脂棉利用率，又防止了光纤的二次污染。两端光纤都要清洁	

010

工程线缆部署 **项目 1**

续表

序号	操作步骤	操作图示
6	切割光纤：将光纤放在切割刀中的导向槽内，光纤保护层边缘对准 16mm 刻度线，左手放下压板，右手轻轻按压切割刀，刀片开关弹回后将光纤端面切好。另一端的光纤用同样的方法切割	
7	将光纤放置在光纤熔接机中：将两根切好端面的光纤分别轻放在光纤熔接机的 V 形载纤槽中，检查光纤端面应位于 V 形载纤槽端面和电极之间。轻轻盖上光纤压板，盖上防风罩头	
8	光纤熔接：光纤熔接机自动对准并熔接，熔接损耗估算值在显示屏上显示，当超过熔接损耗极限时，将显示错误信息。此时，建议重新熔接	
9	加热热缩套管：取出熔接好的光纤，放置到加热器中，点击加热按钮进行加热	

任务 1-2

011

网络系统建设与运维实训教程

续表

序号	操作步骤	操作图示
10	将光纤从光纤熔接机中取出：打开加热盖板，小心地取出光纤	
11	通断验证测试：光纤红光笔只能进行通断验证测试，不能进行损耗测量和故障点定位	

（三）评价反馈

评价内容		完成情况（在相对应的选项里打√）				写出未完成原因
		自我评价		小组评价		
一级指标	二级指标	已完成	未完成	已完成	未完成	
项目前期准备工作	准备仪表					
	准备工具					
	准备耗材					
光纤熔接	按色谱排序					
	安装热缩套管					
	剥除保护层					
	剥除树脂层					
	清洁光纤					
	切割光纤					
	将光纤放置在光纤熔接机中					
	光纤熔接					

012

工程线缆部署 **项目 1**

续表

评价内容		完成情况 （在相对应的选项里打√）				写出未完 成原因
		自我评价		小组评价		
一级指标	二级指标	已完成	未完成	已完成	未完成	
光纤熔接	加热热缩套管					
	将光纤从光纤熔接机中取出					
	通断验证测试					

五、学习拓展

（一）小词典

光纤是光导纤维的简称，是一种由玻璃或塑料制成的纤维，可作为光传导工具。传输原理是"光的全反射"。

光纤熔接技术：主要是用光纤熔接机将光纤和光纤，或光纤和尾纤连接，把光缆中的裸纤和光纤的尾纤熔合在一起变成一个整体，而尾纤则有一个单独的光纤头。

（二）小提示

1．安全提示。

（1）正确地使用三口光纤米勒钳，剪线的时候不要伤到手指。

（2）有条件带好护目镜，防止细小的光纤颗粒进入眼睛。

（3）将光纤热缩管加热后，需要等冷却后再取出，以免烫伤。

2．操作提示。

（1）熔接失败或是出错，建议重新熔接。

（2）切割光纤的时候，注意保持光纤笔直状态。

任务 1-2

013

项目 2

安装网络机柜

一、学习目标

（一）知识与技能目标

1．熟悉网络机柜的特点与结构。

2．掌握安装网络机柜的方法与步骤。

（二）过程与方法目标

1．通过施工，掌握网络机柜的结构与特点，能够将网络机柜安装在指定的位置。

2．能够在教师的指导下，通过自主学习、合作学习、探究学习等方式，独立完网络机柜的安装工作。

（三）情感态度与价值观目标

1．通过具体实训任务，培养实践操作能力、分析和解决问题的能力。

2．通过具体实训任务，树立规范操作的意识、遵守标准的意识。

3．培养认真负责、细致工作的态度。

二、 工作页

（一）项目描述

A 公司购买了一批新的网络机柜与网络设备，该公司网络管理员应该尽快熟悉这些网络设备，并需要将网络设备安装到指定的网络机柜中。

（二）任务活动及学时分配表

序号	任务活动	学时安排
1	安装壁挂式网络机柜	2 课时
2	安装落地式网络机柜	2 课时

（三）工作流程

安装壁挂式网络机柜

1. 检查网络机柜
2. 做好打孔标记
3. 打孔固定网络机柜
4. 安装柜门

安装落地式网络机柜

1. 检查网络机柜和配件
2. 安装底部条件支脚
3. 安装电源PDU插座
4. 安装隔板
5. 安装侧门
6. 安装前后门
7. 固定网络机柜

安装网络机柜 **项目 2**

任务 2-1 安装壁挂式网络机柜

一、建议学时

2 学时

二、学习目标

1. 熟悉网络机柜的特点与结构。
2. 掌握正确地安装壁挂式网络机柜的方法与步骤。

三、学习准备

1. 准备工具：十字螺丝刀 1 把、6U 壁挂式网络机柜 1 个、水平仪 1 个。
2. 准备耗材：大号螺丝若干。

四、学习过程

（一）引导问题

1. 安装壁挂式网络机柜安装有哪些步骤？
2. 安装壁挂式网络机柜安装有哪些注意事项？

（二）计划与实施

🧩 步骤　将壁挂式网络机柜安装到预定位置。

序号	操作步骤	操作图示
1	检查壁挂式网络机柜：安装前检查新产品的外观有无破损，柜门开关有无错位或无法锁紧	

网络系统 建设 与 运维实训教程

续表

序号	操作步骤	操作图示
2	做好打孔标记：卸下柜门，小心放置好，将壁挂式网络机柜放置到安装位置用铅笔在固定孔位置上做好打孔标记	
3	打孔固定壁挂式网络机柜：在打孔标记处打孔，用膨胀螺丝将壁挂式网络机柜固定在墙面上，此处我们使用木螺钉将壁挂式网络机柜固定在木墙上	
4	安装柜门：固定好壁挂式网络机柜后，安装好柜门开关，完成壁挂式网络机柜的安装	

（三）评价反馈

评价内容		完成情况 （在相对应的选项里打√）				写出未完成原因
		自我评价		小组评价		
一级指标	二级指标	已完成	未完成	已完成	未完成	
安装壁挂式网络机柜	检查壁挂式网络机柜					
	做好打孔标记					
	打孔固定壁挂式网络机柜					
	安装柜门					

五、学习拓展

（一）小词典

机柜：用于容纳电气或电子设备的独立式或自支撑的机壳。机柜一般配置门、可拆或不可拆的侧板和背板，可以提供对存放设备的防水、防尘、防电磁

018

安装网络机柜 **项目 2**

干扰等防护作用。机柜一般分为服务器机柜、网络机柜、控制台机柜等。

U：是一种表示服务器厚度的单位，是 unit 的缩写，详细的尺寸由美国电子工业协会（EIA）所决定。1U 就是 4.445cm，2U 则是 1U 的 2 倍为 8.89cm。所谓"1U 的 PC 服务器"，就是外形满足 EIA 规格、厚度为 4.445cm 的产品。

五类线：简称 Cat.5，是一种计算机网络中使用的双绞式电缆，也是数据、话音等信息通信业务使用的多媒体线材，被广泛应用于以太网、宽带接入工程中，其质量的优劣，直接关系到信息通信的传输质量。

（二）小提示

1．安全提示。

（1）壁挂式网络机柜较重，最好两人以上合作完成安装工作，以免伤到自己。

（2）使用螺丝刀注意安全。

2．操作提示。

（1）安装壁挂式网络机柜时，不要安装反了。

（2）保持壁挂式网络机柜的水平状态。

任务 2-1

任务 2-2　安装落地式网络机柜

一、建议学时

2 学时

二、学习目标

1. 熟悉落地式网络机柜的结构布局。
2. 能够正确地安装落地式网络机柜，掌握安装方法与步骤。

三、学习准备

1. 准备工具：十字螺丝刀 1 把、42U 落地式网络机柜 1 个、扣手工具、内六角 1 把。
2. 准备耗材：M4/M5/M6 自锁螺丝和卡扣螺母若干。

四、学习过程

（一）引导问题

1. 什么场合应使用落地式网络机柜？
2. 安装落地式网络机柜有哪些注意事项？

（二）计划与实施

🧩 步骤　将落地式网络机柜安装到预定位置。

序号	操作步骤	操作图示
1	检查落地式网络机柜：拆封外包装后，检查落地式网络机柜的外观有无破损，柜门开关有无错位或无法锁紧	

安装网络机柜 **项目 2**

续表

序号	操作步骤	操作图示
2	检查落地式网络机柜的配件：确认落地式网络机柜配套的配件齐全	
3	安装落地式网络机柜底部调节支脚：卸下机柜门小心放置好。两人配合将机柜平放在地面上，将底部调节支脚顺时针拧入底部顶角的 4 个螺纹孔内，完成调节支脚安装	
4	安装电源 PDU 插座：两人配合将落地式网络机柜扶正后，将 4 颗卡扣螺母安装在同一水平位置，使用自锁螺丝将电源 PDU 插座固定	
5	安装落地式网络机柜大的隔板：在落地式网络机柜中安装好卡扣螺母，将隔板放入 10U、20U、30U 的位置，使用自锁螺丝固定好落地式网络机柜隔板	
6	安装落地式网络机柜两边的侧门：将侧门锁扣朝上嵌入前后框架之间的位置，下端放置在机柜底板上，让侧门底部的凸起放入固定孔位，用手往内拨动两边的锁扣，向前轻轻地推动侧门的顶部，直到两锁扣卡住框架上的长方孔位，然后松锁扣，将侧门锁紧，完成侧门安装	

任务 2-2

续表

序号	操作步骤	操作图示
7	安装落地式网络机柜的前门和后门：将前门带有弹簧的转轴朝上，先将底部门孔嵌入机柜地板相应的固定凸起，顶部转轴往下拉，把顶部转轴推动到对应的顶盖圆孔内，松开转轴，完成前门的安装（参照该步骤完成后门的安装）	 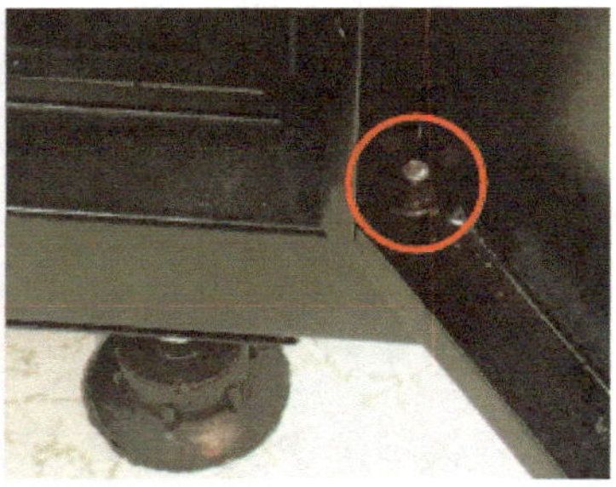 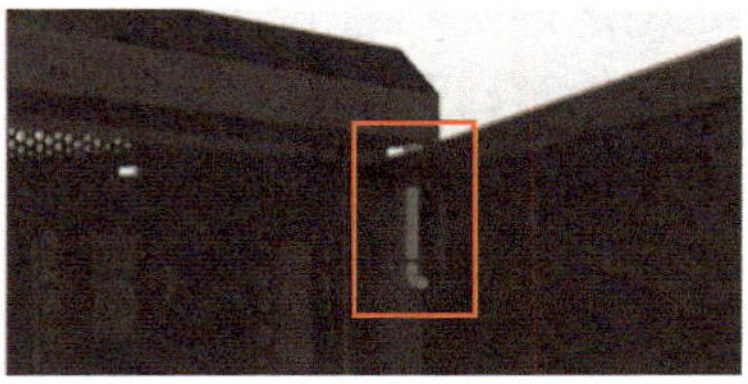
8	固定落地式网络机柜：要求将落地式网络机柜推到指定位置后，调节落地式网络机柜底部的调节支脚的长度，将滑动轮顶离地面。将落地式网络机柜固定，防止落地式网络机柜滑动造成损伤	 

安装网络机柜 **项目 2**

（三）评价反馈

评价内容		完成情况 （在相对应的选项里打√）				写出未完成 原因
		自我评价		小组评价		
一级指标	二级指标	已完成	未完成	已完成	未完成	
安装落地式 网络机柜	检查落地式网络机柜					
	检查落地式网络机柜的配件					
	安装落地式网络机柜底部调节支脚					
	安装电源PDU插座					
	安装落地式网络机柜大的隔板					
	安装落地式网络机柜两边的侧门					
	安装落地式网络机柜的前门和后门					
	固定落地式网络机柜					

五、学习拓展

（一）小词典

PDU 插座：PDU 插座是为网络机柜内安装的设备提供安全电力分配和管理电源的设备。

（二）小提示

1. 安全提示。

（1）落地式网络机柜体积大且质量重，需两人合作完成安装工作，以免伤到自己。

（2）调节落地式网络机柜底部的调节支脚长度，固定好落地式网络机柜，防止落地式网络机柜滑动造成损伤。

2. 操作提示。

（1）检查落地式网络机柜是否无损，配件是否齐全。

任务 2-2

023

网络系统建设 与 运维实训教程

（2）将落地式网络机柜扳倒，安装好落地式网络机柜底部的 4 个调节支脚。

（3）根据设备的位置在固定架上调整和添加隔板，使管理员能够在不打开柜门的情况下查看所有设备的运转情况。

（4）安装电源 PDU 插座。

（5）安装前门、后门和两个侧门。

（6）调节落地式网络机柜底部的调节支脚长度，固定好落地式网络机柜。

项目 3

网络设备安装部署

一、学习目标

（一）知识与技能目标

1. 通过对网络系统硬件的认识与安装，培养对常见网络设备的选型能力。

2. 掌握网络系统硬件的安装方法与步骤，并完成安装交换机的操作。

（二）过程与方法目标

1. 熟悉网络系统硬件，掌握网络系统硬件的安装方法与步骤，能够正确地识别各类网络设备。

2. 能够在教师的指导下，通过自主学习、合作学习、探究学习等方式，独立完成网络系统硬件的安装。

（三）情感态度与价值观目标

1. 通过实训学习培养举一反三，分析、处理和解决问题的能力。

2. 通过实训学习，建立规范操作的意识、遵守标准的意识。

3. 培养认真负责、细致工作的态度。

二、 工作页

（一）项目描述

A 公司购买了一批新的网络设备，该公司网络管理员应该尽快熟悉这些网络设备，并将这些网络设备按要求规范安装到指定的网络机柜或是机架上。

（二）任务活动及学时分配表

序号	任务活动	学时安排
1	安装交换机	2 课时
2	安装路由器	2 课时
3	安装 AC 与 AP	2 课时

（三）工作流程

安装交换机

1. 佩戴防静电腕带
2. 使用M4螺钉在交换机上安装前挂孔
3. 连接接地线缆到交换机
4. 安装浮动螺母到网络机柜的方孔条
5. 安装交换机到网络机柜
6. 连接电源线缆

安装路由器

1. 佩戴防静电手套
2. 使用M4螺钉安装前挂耳到路由器
3. 在网络机柜的前后方孔条上各安装4个浮动螺母
4. 将挂耳滑道固定到网络机柜后方孔条上
5. 安装路由器到网络机柜
6. 连接接地线缆
7. 连接交流电源线缆

安装AC与AP

1. 安装前准备
2. 确定安装位置
3. 将AC安装到网络机柜
4. 采用挂墙安装AP
5. 线缆连接
6. 连接防盗锁孔

网络设备安装部署 **项目 3**

任务 3-1　安装交换机

一、建议学时

2 学时

二、学习目标

1. 能够识别交换机的外部与结构。
2. 能够正确地说出交换机各部件的名称。
3. 能够掌握安装交换机的过程。
4. 能够理解交换机的安装注意事项。

三、学习准备

1. 华为 S5731-S 系列交换机若干台、36U 网络机柜一个。
2. 熟读安全注意事项。
3. 检查安装场所。
4. 检查网络机柜和机架。
5. 检查电源条件。
6. 准备安装工具和辅料。

四、学习过程

（一）引导问题

1. 交换机有哪些接口、由哪些部件组成？
2. 安装交换机的步骤有哪些？

（二）计划与实施

🧩 步骤 1　认识交换机。

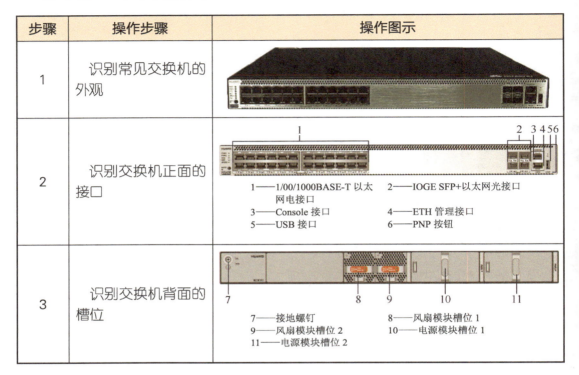

步骤	操作步骤	操作图示
1	识别常见交换机的外观	
2	识别交换机正面的接口	1——1/00/1000BASE-T 以太网电接口　2——IOGE SFP+以太网光接口 3——Console 接口　4——ETH 管理接口 5——USB 接口　6——PNP 按钮
3	识别交换机背面的槽位	7——接地螺钉　8——风扇模块槽位 1 9——风扇模块槽位 2　10——电源模块槽位 1 11——电源模块槽位 2

🧩 步骤 2　将交换机安装到网络机柜。

步骤	操作步骤	操作图示
1	佩戴防静电腕带	
2	使用 M4 螺钉在交换机上安装前挂耳	

网络设备安装部署 **项目3**

续表

步骤	操作步骤	操作图示
3	接地线缆连接到交换机	
4	安装浮动螺母到网络机柜的方孔条	
5	安装交换机到网络机柜	
6	连接接地线缆	

任务 3-1

029

续表

步骤	操作步骤	操作图示
7	连接电源线缆	

（三）评价反馈

评价内容		完成情况 （在相对应的选项里打√）				写出未完成 原因
		自我评价		小组评价		
一级指标	二级指标	已完成	未完成	已完成	未完成	
认识交换机	识别常见交换机的外观					
	识别交换机正面的接口					
	识别交换机背面的槽位					
将交换机安装到网络机柜	佩戴防静电腕带					
	使用 M4 螺钉在交换机上安装前挂耳					
	接地线缆连接到交换机					
	安装浮动螺母到网络机柜的方孔条					
	安装交换机到网络机柜					
	连接接地线缆					
	连接电源线缆					

网络设备安装部署 **项目 3**

五、学习拓展

（一）小词典

以太网接口：以太网（Ethernet）是应用最广泛的局域网通信方式，同时也是一种协议。以太网协议定义了一系列的软件和硬件标准，从而将不同的计算机设备连接在一起。以太网设备组网的基本元素有交换机、路由器、集线器、光纤和普通网线，以及以太网协议和通信规则。以太网中网络数据连接的接口就是以太网接口。

Console 接口：使用配置专用连线直接连接至计算机串口，利用终端程序（如Windows 下的"超级终端"）进行本地配置。

防静电手腕带：分为有绳手腕带、无绳手腕带及智能防静电手腕带，按结构分为单回路手腕带及双回路手腕带，佩带它用以去除人体的静电。

（二）小提示

1．安全提示。

（1）交换机运行过程中，禁止随意搬动设备。

（2）交换机应轻拿轻放，另外不允许重压。

（3）安装操作前，需要熟读安全注意事项。

2．操作提示。

（1）使用交换机之前，应该注意阅读工作手册。

（2）安装交换机之前，应该注意检查工作环境。

任务 3-2　安装路由器

一、建议学时

2 学时

二、学习目标

1. 能够识别路由器的外部与结构。
2. 能够正确地说出路由器各部件的名称。
3. 能够掌握安装路由器的过程。
4. 能够理解路由器的安装注意事项。

三、学习准备

1. 华为 AR6140 系列路由器若干台、36U 网络机柜一个。
2. 熟读安全注意事项。
3. 检查安装场所。
4. 检查网络机柜和机架。
5. 检查电源条件。
6. 准备安装工具和辅料。

四、学习过程

（一）引导问题

1. 路由器有哪些接口？由哪些部件组成？
2. 安装路由器的步骤有哪些？

（二）计划与实施

✦ 步骤 1　认识路由器。

步骤	操作步骤	操作图示
1	识别常见路由器的外观	

网络设备安装部署 **项目 3**

续表

步骤	操作步骤	操作图示	
2	识别路由器的正面接口	1. 2 个 USB 接口（Host） — 插入 36 USB modem 时，建议安装 USB 塑料保护罩（选配）对它进行防护，USB 接口上方的 2 个螺钉孔用来固定 USB 塑料保护罩	

步骤	操作步骤	操作图示	
2	识别路由器的正面接口	1	2 个 USB 接口（Host）	插入 36 USB modem 时，建议安装 USB 塑料保护罩（选配）对它进行防护，USB 接口上方的 2 个螺钉孔用来固定 USB 塑料保护罩
		2	RST 按钮	复位按钮，用于手工复位设备。复位设备会导致业务中断，需慎用
3	识别路由器背面接口与部件	3	防盗锁孔	
		4	ESD 插孔	对设备进行维护操作时，需要佩戴防静电腕带，防静电腕带的一端要插在 ES0 插孔里
		5	2 个 SIC 槽位	使用接地线缆将设备可靠接地，防雷、防干扰
		6	产品型号丝印	
		7	接地点	
		8	CON/AUX 接口	ARI220-AC 不支持 AUX 功能
		9	Mini USB 接口	Mini USB 接口和 Console 接口同时只能一个接口使用
		10	WAN 接口：2 个 GE 电接口	GE0 接口是设备的管理网口，用来升级设备
		11	LAN 接口：8 个 FE 电接口	V200R007C00 及以后的版本：FE LAN 接口全部支持切换成 WAN 接口
		12	交流电源线接口	使用交流电源线缆将设备连接到外部电源
		13	电源线防松脱卡扣安装孔	插入电源线防松脱卡扣，用来绑定电源线，防止电源线松脱

任务 3-2

✦ **步骤 2** 将路由器安装到网络机柜。

步骤	操作步骤	操作图示
1	佩戴防静电手套	

033

续表

步骤	操作步骤	操作图示
2	使用 M4 螺钉安装前挂耳到路由器	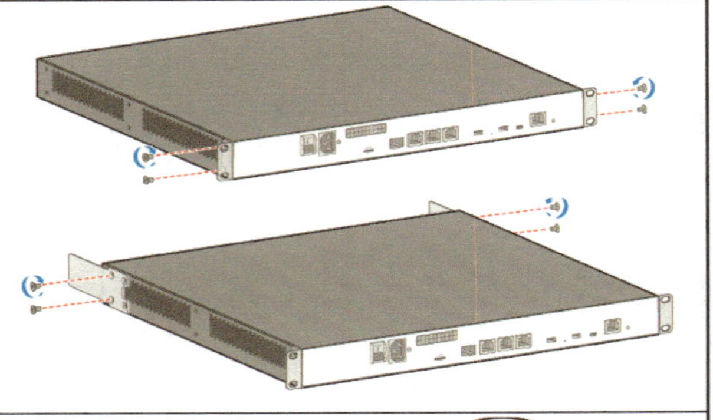
3	在网络机柜的前后方孔条上各安装 4 个浮动螺母	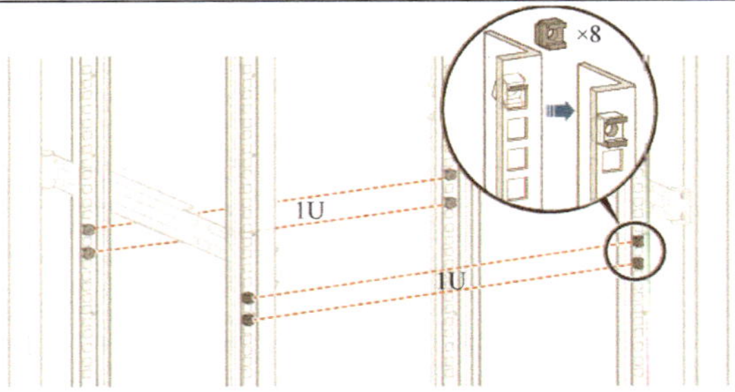
4	将挂耳滑道固定到网络机柜后方孔条上	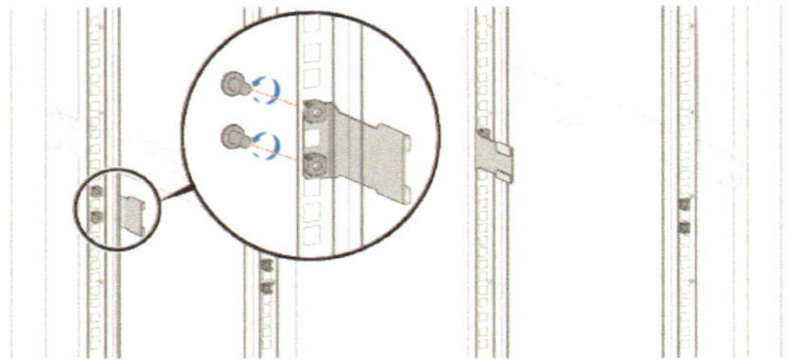
5	安装路由器到网络机柜	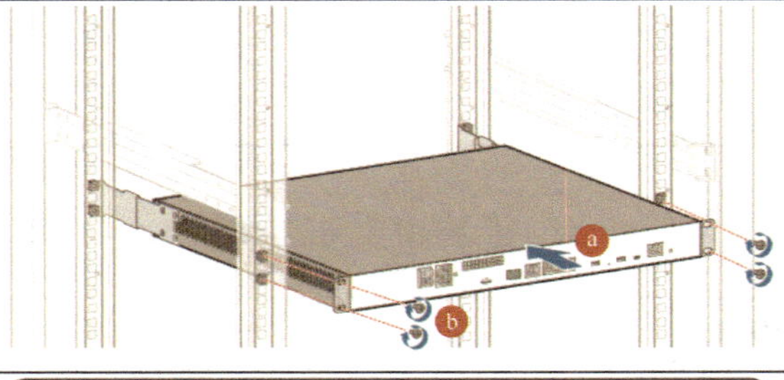
6	连接接地线缆	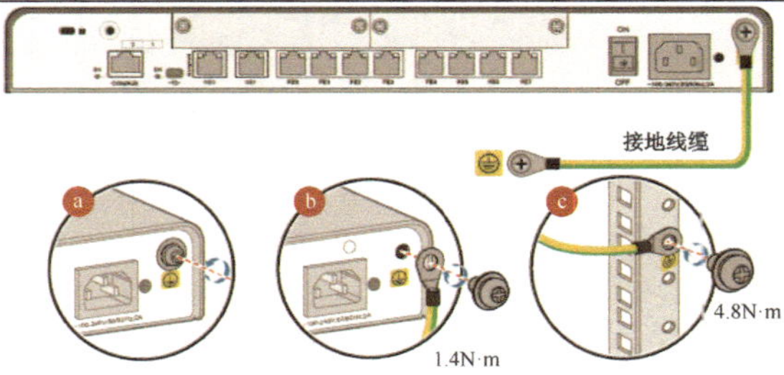

网络设备安装部署 **项目 3**

续表

步骤	操作步骤	操作图示
7	连接交流电源线缆	

（三）评价反馈

评价内容		完成情况 （在相对应的选项里打√）				写出未完成原因
		自我评价		小组评价		
一级指标	二级指标	已完成	未完成	已完成	未完成	
认识路由器	识别常见路由器的外观					
	识别路由器的正面接口					
	识别路由器背面接口与部件					
将路由器主机安装到网络机柜	佩戴防静电手套					
	使用 M4 螺钉安装前挂耳到路由器					
	在网络机柜的前后方孔条上各安装4个浮动螺母					
	将挂耳滑道固定到网络机柜后方孔条上					
	安装路由器到网络机柜					
	连接接地线缆					
	连接交流电源线缆					

任务 3-2

035

五、学习拓展

（一）小词典

AUX 接口：主要用于远程配置，也可用于拨号连接，还可通过收发器与 MODEM 进行连接。

WAN 接口：又称广域网接口，不仅使路由器能够实现局域网之间的连接，还能够实现更重要的应用，即局域网与广域网、广域网与广域网之间的相互连接。

（二）小提示

1．安全提示。

（1）路由器运行过程中，禁止随意搬动设备。

（2）路由器应轻拿轻放，另外不允许重压。

（3）安装操作前，需要熟读安全注意事项。

2．操作提示。

（1）使用路由器之前，应该注意阅读工作手册。

（2）安装路由器之前，应该注意检查工作环境。

网络设备安装部署 **项目 3**

任务 3-3 安装 AC 与 AP

一、建议学时

2 学时

二、学习目标

1. 能够识别 AC 与 AP 的外部结构。
2. 能够正确地说出 AC 与 AP 各部件的名称。
3. 能够掌握安装 AC 与 AP 的过程。
4. 能够理解 AC 与 AP 的安装注意事项。

三、学习准备

1. 华为 AP7050DE 系列 AC 与 AirEngine 5760 系列 AP 若干台、36U 网络机柜一个。
2. 熟读安全注意事项。
3. 检查安装场所。
4. 检查网络机柜和机架。
5. 检查电源条件。
6. 准备安装工具和辅料。

四、学习过程

（一）引导问题

1. AC 与 AP 有哪些接口？由哪些部件组成？
2. 安装 AC 与 AP 的步骤有哪些？

（二）计划与实施

🧩 步骤 1 认识 AC。

037

网络系统建设与运维实训教程

步骤	操作步骤	操作图示
1	常见 AC 的外观	
2	认识 AC 的正面接口	

1	MODE 按钮，用于切换业务网口指示灯的显示模式
2	20 个 10/00/10008ASE-T 以太网电接口： ● 支持 10M/100M/1000M 自适应 ● 支持 20 个接口 PoE 供电
3	4 对 Comb0 接口，作为电接口使用时： ● 支持 10M/100M/000M 自适应 ● 支持 4 个接口 PoE 供电
4	ETH 管理接口
5	Mini USB 接口
6	Console 接口
7	2 个 10GE SFP+以太网光接口

步骤	操作步骤	操作图示
3	认识 AC 的背面接口与部件	

8	接地点
9	假面板
10	2 个电源模块槽位，AC6605 支持 3 种电源模块： ●150W 直流电源模块 ●150W 交流电源模块 ●500W 交流 PoE 电源模块

🧩 **步骤 2** 认识 AP。

步骤	操作步骤	操作图示
1	常见 AP 的外观	

038

网络设备安装部署 **项目 3**

续表

步骤	操作步骤	操作图示
2	认识AP的正面与背面接口	正面　　　　　　　　反面 1 Default：缺省按钮，长按超过3s恢复出厂：缺省值 2 USB接口：连接U盘设备用于扩展存储，对外输出最大功耗：为25W 3 Console 口：控制口，连接维护终端，用于设备配置和管理 4 接地螺钉：通过接地螺钉将设备与接地线缆连接 5 GE：101000M，用于有线以太网连接 6 GE0/PoE：1/001000，用于有线以太网连接，PoE 供电设备可以通过该接口给 AP 供电 7 电源输入接口：I2V DC 8 Lock 设备锁接口：用于保证设备的防盗安全

♣ 步骤3　将 AC 安装到网络机柜。

安装 AC 的步骤与安装交换机步骤相同，参考任务 3-1 安装交换机的安装。

♣ 步骤4　安装 AP。

步骤	操作步骤	操作图示
1	安装前准备	—
2	确定安装位置	
3	采用挂墙安装 AP	

续表

步骤	操作步骤	操作图示
4	线缆连接，1：接网线；2：接 DC 电源适配器	
5	连接防盗锁孔	

（三）评价反馈

评价内容		完成情况（在相对应的选项里打√）				写出未完成原因
		自我评价		小组评价		
一级指标	二级指标	已完成	未完成	已完成	未完成	
认识 AC	常见 AC 的外观					
	认识 AC 的正面接口					
	认识 AC 的背面接口与部件					
认识 AP	常见 AP 的外观					
	认识 AP 的正面与背面接口					

网络设备安装部署 **项目 3**

续表

评价内容		完成情况 （在相对应的选项里打√）				写出未完成 原因
		自我评价		小组评价		
一级指标	二级指标	已完成	未完成	已完成	未完成	
将 AC 主机安装到网络机柜	佩戴防静电腕带或防静电手套					
	使用 M4 螺钉安装前挂耳到 AC					
	连接接地线缆到 AC					
	安装浮动螺母到网络机柜的方孔条					
	安装 AC 到网络机柜					
	连接电源线缆					
安装 AP	安装前准备					
	确定安装位置					
	采用挂墙安装 AP					
	线缆连接					
	连接防盗锁孔					

任务 3-3

五、学习拓展

（一）小词典

无线局域网（Wireless Local Area Network，WLAN）：是指应用无线通信技术将网络设备互联，构成可以互相通信和实现资源共享的网络体系。无线局域网的特点是不再使用通信线缆将网络设备与网络连接起来，而是通过无线的方式连接，从而使网络的构建和终端的移动更加灵活，WLAN 系统的常见组网架构一般由接入控制器（Access Controller，AC）和无线接入访问节点（Access Point，AP）组成。

041

（二）小提示

1．安全提示。

（1）AC 与 AP 运行过程中，禁止随意搬动设备。

（2）安装操作前，需要熟读安全注意事项。

2．操作提示。

（1）使用 AC 与 AP 之前，应该注意阅读工作手册。

（2）安装 AC 与 AP 之前，应该注意检查工作环境。

项目 4

网络机柜线缆连接与部署

一、 学习目标

（一）知识与技能目标

1．能够制作与测试网络跳线。

2．掌握连接与部署线缆的步骤与方法。

（二）过程与方法目标

1．通过具体的实训完成网络跳线的制作与测试，掌握线缆连接与部署的步骤与方法。

2．能够在教师的指导下，通过自主学习、合作学习、探究学习等方式，独立完成机房周期巡检工作。

（三）情感态度与价值观目标

1．通过实训培养举一反三，分析、处理和解决问题的能力。

2．通过实训学习，建立规范操作的意识、遵守标准的意识。

3．培养认真负责、细致工作的态度。

网络系统建设与运维实训教程

二、工作页

（一）项目描述

当网络机柜安装完毕，配线架端接完毕，以及光缆已经连接好时就需要在交换机和配线架之间进行连接，并进行线缆的部署。

（二）任务活动及学时分配表

序号	任务活动	学时安排
1	网络跳线制作与测试	2 课时
2	线缆连接与部署	2 课时

（三）工作流程

网络跳线制作与测试

1. 裁线
2. 剥除绝缘护套
3. 拆开4对双绞线
4. 拆开单绞线并理线排序
5. 剪齐线端
6. 插入RJ45水晶头
7. 压接
8. 完成另一端水晶头的端接
9. 网络跳线通断验证测试

线缆连接与部署

1. 按连接示意图连接与部署线缆
2. 按网络机柜背面走线示意图连接与部署线缆
3. 按网络机柜正面走线示意图连接与部署线缆
4. 按网络机柜配线架示意图连接与部署线缆

044

网络机柜线缆连接与部署 **项目 4**

任务 4-1　网络跳线制作与测试

一、建议学时

2 学时

二、学习目标

1. 熟练掌握 RJ45 水晶头和网络跳线的制作方法和技巧。
2. 熟练掌握网络跳线的连通测试方法。
3. 熟练掌握相关工具的使用方法和操作技巧。
4. 熟练掌握网络"小能手"测线仪的使用和操作技巧。
5. 熟悉网线的机械结构和电气原理。
6. 熟悉水晶头的机械结构和电气原理。

三、学习准备

1. 准备仪表：网络"小能手"测线仪。
2. 准备工具：压线钳 1 把、剥线器 1 个（可选）、剪刀 1 把、钢卷尺 1 个。
3. 准备耗材：超五类非屏蔽水晶头 2 个、超五类非屏蔽网线、六类非屏蔽水晶头 2 个、六类非屏蔽网线。

四、学习过程

（一）引导问题

1. 网络跳线制作有哪些步骤？
2. 网线制作完成之后，如何测试连通性？

（二）计划与实施

🧩 步骤　网络跳线制作与测试。

045

网络系统 建设 与 运维实训教程

序号	操作步骤	操作图示
1	裁线：长度为 1.7m	 
2	剥除绝缘护套	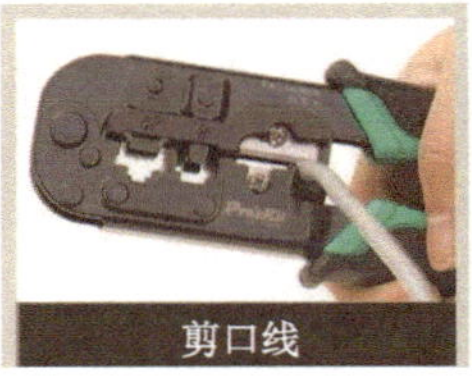 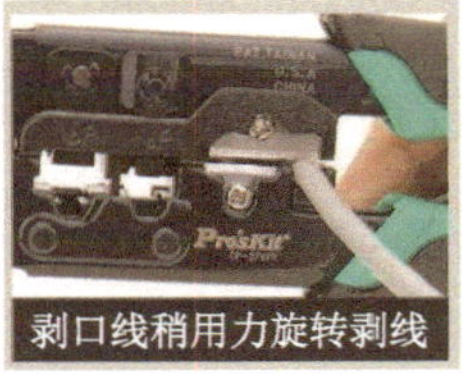 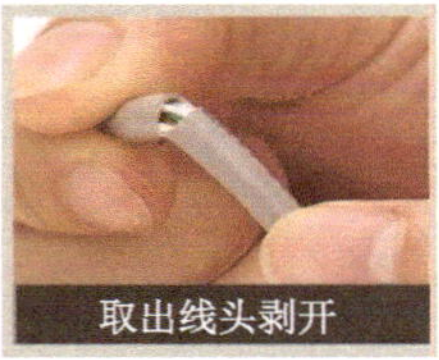 剪口线　剥口线稍用力旋转剥线　取出线头剥开
3	拆开 4 对双绞线	
4	排序理线，T568B 线序：白橙、橙、白绿、蓝、白蓝、绿、白棕、棕	
5	剪齐线端	 
6	插入 RJ45 水晶头	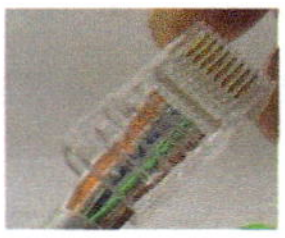 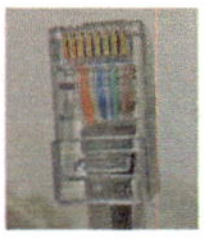
7	压接	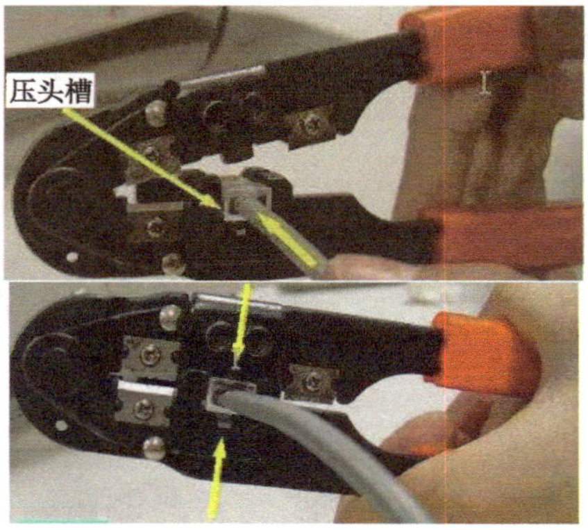 压头槽

网络机柜线缆连接与部署 **项目 4**

续表

序号	操作步骤	操作图示
8	完成另一端水晶头的端接：压好的水晶头	
9	网络跳线通断验证测试：主测试仪和远程测试端的指示灯就应该同步逐个顺序对应闪亮。1—1，2—2，3—3，4—4，5—5，6—6，7—7，8—8 顺序轮流重复闪烁	

（三）评价反馈

评价内容		完成情况 （在相对应的选项里打√）				写出未完成原因
		自我评价		小组评价		
一级指标	二级指标	已完成	未完成	已完成	未完成	
网络跳线制作与测试	裁线：长度为 1.7m					
	剥除绝缘护套					
	拆开 4 对双绞线					
	排序理线					
	剪齐线端					
	插入 RJ45 水晶头					
	压接					
	完成另一端水晶头的端接					
	网络跳线通断验证测试					

五、学习拓展

（一）小词典

六类线：它的传输频率为 1～250MHz，六类布线系统在 200MHz 时综合衰减串扰比（PS-ACR）应该有较大的余量，它提供 2 倍于五类的带宽，五类线的传输速率为 100Mbps、超五类线的传输速率为 155Mbps、六类线的传输速率为 200Mbps。六类布线的传输性能远远高于超五类标准，最适用于传输速率高于 1Gbps 的应用。

（二）小提示

1．安全提示。

正确地使用压线钳，剪线的时候不要伤到手指。

2．操作提示。

（1）注意线序不要错。

（2）胶皮要压入水晶头里面。

（3）使用压线钳压接水晶头，水晶头不要插错方向。

网络机柜线缆连接与部署 **项目 4**

任务 4-2 线缆连接与部署

一、建议学时

2 学时

二、学习目标

1. 熟悉通信线缆及其连接器件。
2. 熟悉常用工具及仪器。

三、学习准备

1. 准备工具：理线架等。
2. 准备耗材：网络跳线若干、扎带若干。

四、学习过程

（一）引导问题

1. 线缆连接与部署有哪些步骤？
2. 线缆连接与部署有哪些注意事项？

（二）计划与实施

🧩 **步骤** 连接与部署线缆。

序号	操作步骤	操作图示
1	按连接示意图连接与部署线缆	

续表

序号	操作步骤	操作图示
2	按网络机柜背面走线示意图连接与部署线缆	
3	按网络机柜正面走线示意图连接与部署线缆	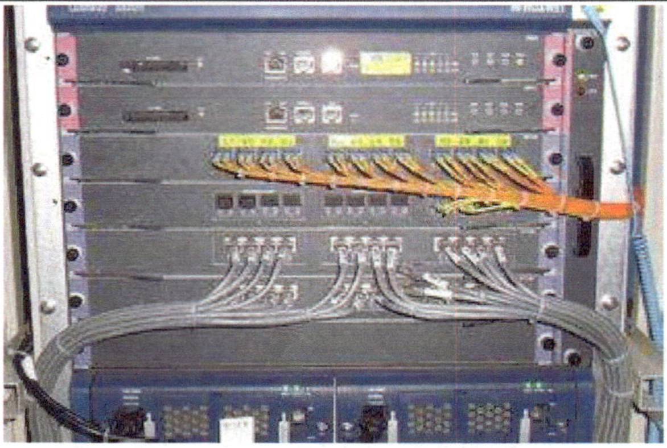
4	按网络机柜配线架示意图连接与部署线缆	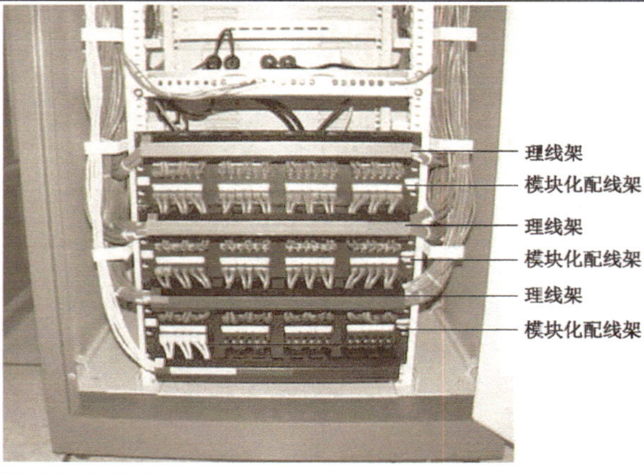

网络机柜线缆连接与部署 **项目 4**

（三）评价反馈

评价内容		完成情况 （在相对应的选项里打√）				写出未完成 原因
		自我评价		小组评价		
一级指标	二级指标	已完成	未完成	已完成	未完成	
连接与部署线缆	按连接示意图连接部署线缆					
	按网络机柜背面走线示意图连接与部署线缆					
	按网络机柜正面走线示意图连接与部署线缆					
	按网络机柜配线架示意图连接与部署线缆					

五、学习拓展

（一）小词典

理线架是用来整理电子线缆的工具。理线架可安装于机架的前端，提供配线或设备用于跳线的水平方向线缆管理。理线架简化了交叉连接系统的规划与安装，简言之，就是用于理清网线的，跟网络没直接的关系，只为以后便于管理。

（二）小提示

1. 安全提示。

线缆连接与部署的过程中注意安全，以免受伤。

2. 操作提示。

按线缆部署的规范进行连接，注意与标签结合使用。

任务 4-2

051

项目 5

网络设备操作系统操作

一、 学习目标

（一）知识与技能目标

1. 了解网络设备操作系统的作用，能够查看网络设备操作系统的版本。

2. 能够切换 CLI 视图。

3. 能够通过命令更改设备名称、保存配置文件。

4. 在输入命令时，会使用帮助命令。

5. 学会使用【Tab】键和不完整命令。

6. 掌握使用查询命令。

（二）过程与方法目标

1. 能够根据任务要求，查找信息资源，分析任务需求，找到解决办法。

2. 能够运用适当的工具和方式呈现任务结果。

3. 能够在教师的指导下，通过自主学习、合作学习、探究学习等方式，完成任务内容。

（三）情感态度与价值观目标

1. 培养一丝不苟、精益求精的工匠精神。

2. 通过分组学习，培养团队合作精神和协作交流能力。

二、 工作页

（一）项目描述

A 公司新购买了一批网络设备，该公司网络管理员需要熟悉这些设备，为接下来的运维管理奠定基础。

（二）任务活动及学时分配表

序号	任务活动	学时安排
1	切换 CLI 视图及查看 VRP 版本信息	2 课时
2	更改设备名称及保存配置文件	2 课时
3	辅助输入配置命令	2 课时
4	使用查询命令	2 课时

（三）工作流程

切换CLI视图及查看VRP版本信息

1. 通过Console接口登录管理设备
2. 切换CLI视图
3. 查看VRP版本信息

更改设备名称及保存配置文件

1. 通过Console接口登录管理设备
2. 更改设备名称
3. 保存配置文件

辅助输入配置命令

1. 通过Console接口登录管理设备
2. 使用帮助命令
3. 使用Tab键补全命令
4. 使用不完整命令

使用查询命令

1. 通过Console接口登录管理设备
2. 更改设备名称
3. 查看当前设备生效的所有配置信息
4. 查看当前视图下生效的配置信息

网络设备操作系统操作 **项目 5**

任务 5-1 切换 CLI 视图及查看 VRP 版本信息

一、建议学时

2 学时

二、学习目标

1. 了解网络设备操作系统的概念。
2. 能够切换 CLI（命令行界面）视图。
3. 能够查看 VRP 版本信息。

三、学习准备

1. 准备网络设备。
2. 准备 Console 配置线缆。
3. 准备带 COM 接口 PC，并安装 SecureCRT 终端软件。

本次学习活动以 S5720-36C-EI 交换机、SecureCRT 终端软件为例。

四、学习过程

（一）引导问题

1. 网络设备操作系统的作用是什么？
2. 用户视图与系统视图的区别是什么？

（二）计划与实施

❖ **步骤 1** 通过 Console 接口登录管理设备（具体操作请参考任务 6-1 中的内容）。

❖ **步骤 2** 切换 CLI 视图。

序号	操作说明	操作图示

1	从用户视图切换到系统视图	`<Huawei>system-view`
		`Enter system view, return user view with Ctrl+Z.`
		`[Huawei]`

055

续表

序号	操作说明	操作图示
2	从系统视图切换到用户视图 注意：若要从任意非用户视图返回到用户视图输入"return"，或按【Ctrl+Z】组合键	`[Huawei]quit` `<Huawei>`

步骤 3   查看 VRP 版本信息

操作说明	操作图示

输入"display version"命令可查看网络设备操作系统 VRP 的版本号
注意：在用户模式和系统模式都可输入该命令，查看当前设备网络设备操作系统 VRP 的版本信息
	`<Huawei>display version`
	`Huawei Versatile Routing Platform Software`
	`VRP (R) software, Version 5.120 (S5700 V200R002C00)`
	`Copyright (C) 2000-2012 Huawei TECH CO., LTD`
	`Huawei S5700-52C-EI Routing Switch uptime is 0 week, 2 days, 1 hour, 24 minutes`
	`EMGE 0(Master) : uptime is 0 week, 2 days, 1 hour, 23 minutes`

（三）评价反馈

评价内容		完成情况 （在相对应的选项里打√）				写出未完成原因
		自我评价		小组评价		
一级指标	二级指标	已完成	未完成	已完成	未完成	
通过 Console 接口登录管理设备	连接PC的COM接口					
	连接网络设备的 Console 接口					
切换 CLI 视图	从用户视图切换到系统视图					
	从系统视图切换到用户视图					

网络设备操作系统操作 **项目 5**

续表

评价内容		完成情况 （在相对应的选项里打√）				写出未完 成原因
		自我评价		小组评价		
一级指标	二级指标	已完成	未完成	已完成	未完成	
查看 VRP 的版本信息	输入"display version"命令可查看网络设备操作系统 VRP 的版本号					

五、学习拓展

（一）小词典

VRP（Versatile Routing Platform）：华为的通用路由平台。它是华为公司具有完全自主知识产权的网络设备操作系统。VRP 以 IP 业务为核心，实现组件化的体系结构。它由通用控制平面、业务控制平面、数据转发平面、系统管理平面和系统服务平面 5 个平面组成。

VRP 的版本：VRP 的版本分为两种。一种是核心版本（内核版本）——基础版本；另一种是以 V、R、C 3 个字母（代表 3 种不同的版本号）进行标识的，用一个带小数的数字来表示，整数部分代表主版本号，小数点后第一位代表次版本号，小数点后第 3、4 位代表修订版本号。例如，某设备核心版本为 VRP5.120，则代表主版本为 5，次版本号为 1，修订版本号为 20。

（二）小提示

1．安全提示。

网络设备正常运行过程中，禁止随意搬动设备。

2．操作提示。

在 CLI 中输入命令时，需要注意当前所在的是用户视图还是系统视图。若屏幕上显示<HUAWEI>，则为用户视图。若屏幕上显示[HUAWEI]，则为系统视图。其中，HUAWEI 为设备名称。

任务 5-1

057

任务 5-2 更改设备名称及保存配置文件

一、建议学时

2 学时

二、学习目标

1. 了解更改设备名称及保存配置文件的意义。
2. 能够更改设备名称及保存配置文件。

三、学习准备

1. 准备网络设备。
2. 准备 Console 配置线缆。
3. 准备带 COM 接口 PC，并安装 SecureCRT 终端软件。

本次学习活动以 S5720-36C-EI 交换机、SecureCRT 终端软件为例。

四、学习过程

（一）引导问题

1. 为什么需要更改设备名称？
2. 为什么需要保存配置文件？
3. 若更改完设备名称后直接重启设备结果如何？

（二）计划与实施

🧩 步骤 1 通过 Console 接口登录管理设备（具体操作请参考任务 6-1 中的内容）。

🧩 步骤 2 更改设备名称。

网络设备操作系统操作 **项目 5**

序号	操作说明	操作图示

1	从用户视图切换到系统视图	`<Huawei>system-view`
		`Enter system view, return user view with Ctrl+Z.`
		`[Huawei]`

2	将设备名称更改为 SW1	`[Huawei]sysname SW1` `[SW1]`

🧩 **步骤** 3　保存配置文件。

序号	操作说明	操作图示
1	退回到用户模式	`[SW1]quit` `<SW1>`

2	保存配置文件
	注意事项：
	设备配置完成后必须保存配置命令，否则当设备突然断电或重启时，相关配置命令操作将丢失
		`<SW1>save`
		`The current configuration will be written to the device.`
		`Are you sure to continue?[Y/N]y`
		`Info: Please input the file name ( *.cfg, *.zip ) [vrpcfg.zip]:`
		`Aug 23 2020 22:46:28-08:00 SW1 %%01CFM/4/SAVE(l)[43]:The user chose Y when decid`
		`ing whether to save the configuration to the device.`
		`Now saving the current configuration to the slot 0.`
		`Save the configuration successfully.`

（三）评价反馈

评价内容		完成情况 （在相对应的选项里打√）				写出未完成原因
		自我评价		小组评价		
一级指标	二级指标	已完成	未完成	已完成	未完成	
通过 Console 接口登录管理设备	连接 PC 的 COM 接口					
	连接网络设备的 Console 接口					
更改设备名称	从用户视图切换到系统视图					
	将设备名称更改为 SW1					
保存配置文件	退回到用户模式					
	保存配置文件					

五、学习拓展

（一）小词典

设备名称：每个网络设备出厂时都设置了一个初始的设备名称（如 HUAWEI）。当同时配置多台相同的网络设备时，往往初始的设备名称都一样，这容易导致出现配置错设备的问题，所以在拿到新的网络设备时，应根据网络需求更改设备名称。

"save"命令：用来保存当前配置信息到系统默认的存储路径中。用户通过命令行可以修改网络设备的当前配置，而这些配置是暂时的，如果要使当前配置在系统下次重启时仍然有效，需要在重启网络设备前，使用"save"命令将当前配置保存到配置文件中。

（二）小提示

1．安全提示。

网络设备正常运行过程中，禁止随意搬动网络设备。

2．操作提示。

网络设备在配置完成后需要使用"save"命令进行保存，避免出现配置命令因网络设备重启而丢失的问题。

网络设备操作系统操作 **项目 5**

任务 5-3 辅助输入配置命令

一、建议学时

2 学时

二、学习目标

1. 在输入命令时，会使用帮助命令。
2. 学会使用【Tab】键和不完整命令。

三、学习准备

1. 准备网络设备。
2. 准备 Console 配置线缆。
3. 准备带 COM 接口 PC，并安装 SecureCRT 终端软件。

本次学习活动以 S5720-36C-EI 交换机、SecureCRT 终端软件为例。

四、学习过程

（一）引导问题

1. 若忘记配置命令怎么办？
2. 网络设备操作系统是否支持不完整的命令？

（二）计划与实施

✤ 步骤1　通过 Console 接口登录管理设备（具体操作请参考任务 6-1 中的内容）。

✤ 步骤2　使用帮助命令。

061

操作说明	操作图示

在用户视图下使用帮助命令找出进入系统视图命令
 	
注意：
使用帮助命令时，可分为完全帮助和部分帮助两种类型
	采用部分帮助的类型：
	`<Huawei>s?`
	`save`　　　　　　　　`schedule`
	`screen-length`　　　`screen-width`
	`send`　　　　　　　　`set`
	`stack`　　　　　　　`start-script`
	`startup`　　　　　　`super`
	`system-view`

🧩 **步骤**3　使用【Tab】键补全命令。

操作说明	操作图示
在更改设备名称时，输入"sysn"，按【Tab】键补全命令	`[SW1]sysn` `[SW1]sysname`

🧩 **步骤**4　使用不完整命令。

操作说明	操作图示

使用不完整命令,保存配置文件	`<SW1>sa`
	`The current configuration will be written to flash:/vrpcfg.zip.`
	`Are you sure to continue?[Y/N]y`
	`Now saving the current configuration to the slot 0..`
	`Sep 13 2022 15:05:15 SW1 %%01CFM/4/SAVE(s)[3]:The user chose Y when`
	`deciding whether to save the configuration to the device...`
	`Save the configuration successfully.`

（三）评价反馈

评价内容		完成情况 （在相对应的选项里打√）				写出未完成 原因
		自我评价		小组评价		
一级指标	二级指标	已完成	未完成	已完成	未完成	
通过 Console 接口登录管理设备	连接 PC 的 COM 接口					
	连接网络设备的 Console 接口					
使用帮助命令	在用户视图下使用帮助命令找出进入系统视图命令					

续表

评价内容		完成情况 （在相对应的选项里打√）				写出未完成 原因
		自我评价		小组评价		
一级指标	二级指标	已完成	未完成	已完成	未完成	
使用【Tab】键补全命令	在更改设备名称时，输入"sysn"，按【Tab】键补全命令					
使用不完整命令	使用不完整命令，保存配置文件					

五、学习拓展

（一）小词典

完全帮助：在命令行直接输入"？"，将显示当前视图下所有命令。

部分帮助：在命令行直接输入命令的开头字母及"？"，将显示当前视图下所有以这些字母开头的命令。

【Tab】键：按【Tab】键补全命令，若补全的命令不是想要找的命令，可继续按直至出现想要找的命令。若不显示任何命令，则说明当前视图下没有这些字母开头的命令。

（二）小提示

1. 安全提示。

网络设备正常运行过程中，禁止随意搬动设备。

2. 操作提示。

（1）按【Tab】键若不显示任何命令，则说明当前视图下没有这些字母开头的命令。

（2）在使用不完整命令时，注意简写部分不能是多个命令的开头部分。

网络系统 建设 与 运维实训教程

任务 5-4 使用查询命令

一、建议学时

2 学时

二、学习目标

1. 清楚查询命令的作用。
2. 能够使用查询命令查看所需要的信息。

三、学习准备

1. 准备网络设备。
2. 准备 Console 配置线缆。
3. 准备带 COM 接口 PC，并安装 SecureCRT 终端软件。

本次学习活动以 S5720-36C-EI 交换机、SecureCRT 终端软件为例。

四、学习过程

（一）引导问题

当完成配置后需要检查配置或出现故障是如何排除故障的？

（二）计划与实施

步骤 1 通过 Console 接口登录管理网络设备（具体操作请参考任务 6-1 中的内容）。

步骤 2 更改设备名称。

序号	操作说明	操作图示

1	从用户视图切换到系统视图	`<Huawei>system-view`
		`Enter system view, return user view with Ctrl+Z.`
		`[Huawei]`

2	将设备名称更改为 SW1	`[Huawei]sysname SW1` `[SW1]`

064

网络设备操作系统操作 **项目 5**

🧩 **步骤3** 查看当前设备生效的所有配置信息。

操作说明	操作图示
| 在任何视图下输入"display current- configuration" | ```
[SW1]display current-configuration
#
sysname SW1
#
cluster enable
ntdp enable
ndp enable
#
drop illegal-mac alarm
#
diffserv domain default
#
drop-profile default
#
aaa
 authentication-scheme default
 authorization-scheme default
 accounting-scheme default
 domain default
 domain default_admin
 local-user admin password simple admin
 local-user admin service-type http
#
interface Vlanif1
#
interface MEth0/0/1
#
interface GigabitEthernet0/0/1
#
``` |

🧩 **步骤4** 查看当前视图下生效的配置信息。

操作说明	操作图示
| 在任何视图下输入"display this" | ```
[SW1]display this
#
sysname SW1
#
``` |

（三）评价反馈

评价内容		完成情况 （在相对应的选项里打√）				写出未完成 原因
		自我评价		小组评价		
一级指标	二级指标	已完成	未完成	已完成	未完成	
通过 Console 接口登录管理设备	连接PC的COM接口					
	连接网络设备的 Console 接口					
更改设备名称	从用户视图切换到系统视图					
	将设备名称更改为 SW1					
查看当前设备生效的所有配置信息	在任何视图下输入"display current- configuration"					

任务 5-4

续表

评价内容		完成情况 （在相对应的选项里打√）				写出未完成 原因
		自我评价		小组评价		
一级指标	二级指标	已完成	未完成	已完成	未完成	
查看当前视图下生效的配置信息	在任何视图下输入"display this"					

五、学习拓展

（一）小词典

查询命令使用：当用户在某一视图下完成一组配置之后，需要检查配置是否正确。例如，在完成 FTP 服务器的各项配置后，可以执行"display ftp-server"命令，查看当前 FTP 服务器的各项参数。"display"命令的用法和功能可参见相关设备的命令参考。

（二）小提示

1．安全提示。

网络设备在正常运行过程中，禁止随意搬动设备。

2．操作提示。

"display"命令后接上不同的参数，可以查询不同的信息，详见设备配置手册。

项目6

网络设备登录管理

一、学习目标

（一）知识与技能目标

1. 能够理解网络设备的多种登录方式及其功能和区别，包含本地和远程登录协议及其对应的软硬件工具等。

2. 能够利用网络设备采用本地登录方式对网络设备进行初始化配置，保障设备入网和远程管理。

3. 能够理解网络设备的安全登录管理及其重要性，保障网络设备的安全登录管理。

（二）过程与方法目标

1. 通过学习多种登录方式，比较、分析不同登录方式的适用场合。

2. 通过任务驱动，能够在完成任务的过程中掌握所学的知识技能。

3. 通过评价反馈，养成自我反思、自我评价的学习能力。

（三）情感态度与价值观目标

1. 通过学习设备安全管理，建立网络安全防范意识。

2. 通过分组学习，培养团队合作精神和协作交流能力。

二、 工作页

（一）项目描述

A 公司新购买了一批网络设备，该公司的网络管理员需要对这些设备进行配置，实现远程管理。

（二）任务活动及学时分配表

序号	任务活动	学时安排
1	通过 Console 接口登录管理网络设备	2 课时
2	通过 Telnet 登录管理网络设备	2 课时
3	通过 STelnet 登录管理网络设备	2 课时

（三）工作流程

通过Console接口登录
管理网络设备

1. 连接PC和网络设备
2. 配置终端软件
3. 登录网络设备

通过Telnet登录管理
网络设备

1. 连接PC与网络设备
2. 通过Console接口登录
网络设备
3. 配置交换机管理IP地址
4. 配置Telnet
5. Telnet登录交换机

通过STelnet登录管理
网络设备

1. 连接PC与网络设备
2. 通过Console接口登录
网络设备
3. 配置交换机管理IP地址
4. 配置SSH
5. 客户端使用STelnet
登录交换机

网络设备登录管理 **项目 6**

任务 6-1 通过 Console 接口登录管理网络设备

一、建议学时

2 学时

二、学习目标

1. 识别登录所需的线缆，并与设备正确连接。
2. 能够正确地设置终端软件的参数并登录网络设备。

三、学习准备

1. 准备网络设备（交换机或者路由器）。
2. 准备 Console 配置线缆（一头为 DB-9 孔，另一头为 RJ45）。
3. 准备带 COM 接口（DB-9 针）PC，并安装终端软件（如 SecureCRT、MobaXterm、Putty、超级终端等）；若 PC 没有 COM 接口，则需要使用 USB 转串口的转接线，并安装好转接线驱动方可使用。
4. 使用 S5720-36C-EI 交换机、SecureCRT 终端软件开展本次学习任务。

四、学习过程

（一）引导问题

1. 连接配置线缆是否有顺序？
2. 网络设备的波特率是否一定是 9600bps？
3. 登录设备输入的密码是否会显示出来？

（二）计划与实施

♣ 步骤 1 连接 PC 和网络设备。

将网络设备随机附带的 Console 配置线缆与 PC 的 COM 接口连接（如下图所示）。

069

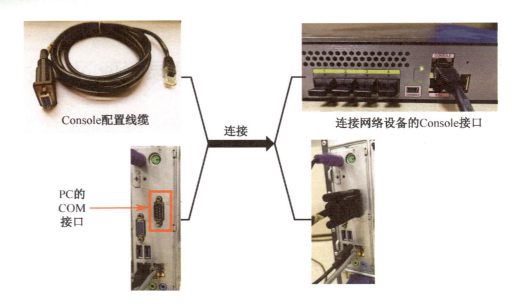

🧩 步骤2　配置终端软件。

序号	操作说明	操作图示
1	在 PC 上，双击 SecureCRT 图标	
2	打开 SecureCRT 终端软件	
3	单击"文件"—"快速连接"选项	

续表

序号	操作说明	操作图示
4	在"协议"下拉列表中单击"Serial"选项	
5	设置"端口""波特率""数据位""奇偶校验""停止位""流控"信息 注意事项： 端口不一定为COM1，特别是在使用USB转串口的转接线的情况下，需要根据实际情况选择 波特率不一定都是9600bps，部分厂商的部分产品会使用其他的波特率，具体应查看产品说明手册	

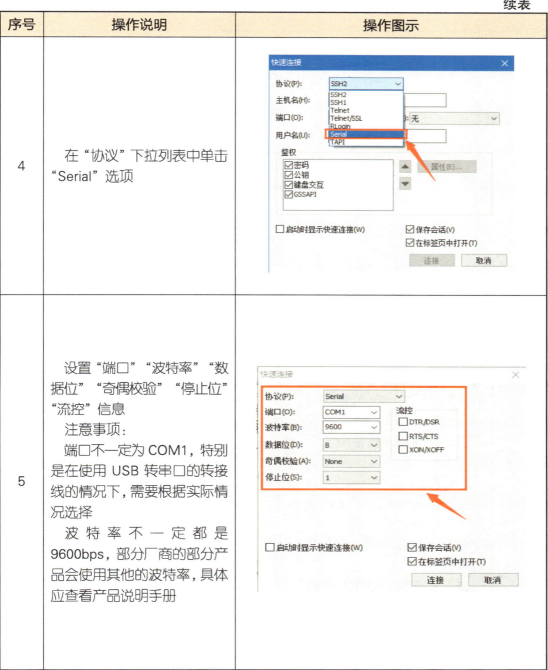

网络系统 建设 与 运维实训教程

🧩 **步骤3**　登录网络设备。

序号	操作说明	操作图示
1	进入网络设备的系统登录界面，输入登录"username"（账户）、"password"（密码）	Serial-COM1 - SecureCRT 文件(F) 编辑(E) 查看(V) 选项(O) 传输(T) 脚本(S) 工具(L) 帮助(H) Serial-COM1 Login authentication Username:admin Password:▮ 就绪　　Serial: COM5　7, 10　14行, 57列　VT100　大写　数字
2	对于首次配置的华为网络设备，若使用的是 V200R010 及之后版本，会提示用户输入用户名和密码。首次登录时缺省的用户名为 admin，密码为 admin@huawei.com，系统提示必须重新设置密码（如图所示） 　注意事项： 　密码为 8～16 位长度的字符串，需包含字母、数字、字符中的两种类型字符，字母区分大小写 　输入的密码不会在终端软件上显示出来	Username:admin　　　　　　// 输入缺省用户名admin Password:　　　　　　　　// 输入缺省密码admin@huawei.com Warning: The default password poses security risks. The password needs to be changed. Change now? [Y/N]: y　// 是否修改默认密码，选择y Please enter old password:　　　　// 输入缺省密码admin@huawei.com Please enter new password:　　　　// 输入新密码 Please confirm new password:　　　// 再次输入新密码 The password has been changed successfully.　// 更改密码成功 <HUAWEI>

072

网络设备登录管理 **项目 6**

（三）评价反馈

评价内容		完成情况 （在相对应的选项里打√）				写出未完成 原因
		自我评价		小组评价		
一级指标	二级指标	已完成	未完成	已完成	未完成	
连接 PC 和网络设备	连接PC的COM接口					
	连接网络设备的 Console 接口					
配置终端软件	在 PC 上，双击 SecureCRT 图标					
	打开 SecureCRT 终端软件					
	单击"文件"—"快速连接"选项					
	在"协议"下拉列表中单击"Serial"选项					
	设置"端口""波特率""数据位""奇偶校验""停止位""流控"信息					
登录网络设备	进入网络设备的系统登录界面					
	首次登录时修改密码					

五、学习拓展

（一）小词典

COM 接口：即串行通信端口，简称串口（Cluster Communication Port）。PC 上的 COM 接口通常是 9 针（DB-9），也有 25 针（DB-25）的接口，这两种接口因为使用 RS-232 串行通信接口标准，因此也叫 RS-232 接口。

（二）小提示

1. 安全提示。

网络设备正常运行过程中，禁止随意搬动设备。

网络系统建设与运维实训教程

2．操作提示。

（1）连接 Console 配置线缆应先连接 PC 的 COM 接口，再连接网络设备的 Console 接口；移除 Console 配置线缆应先从网络设备的 Console 接口拔下 Console 配置线缆，再从 PC 的 COM 接口拔下 Console 配置线缆。

（2）配置网络设备前应做好准备工作，认真阅读设备安装及配置手册。

网络设备登录管理 **项目 6**

任务 6-2 通过 Telnet 登录管理网络设备

一、建议学时

2 学时

二、学习目标

1. 熟悉远程登录的过程。
2. 能够正确地配置 AAA 本地认证，实现 Telnet 登录管理网络设备。

三、学习准备

1. 准备网络设备（交换机或者路由器）。
2. 准备 Console 配置线缆（一头 DB-9 孔，另一头 RJ45）。
3. 准备带 COM 接口（DB-9 针）PC，并安装终端软件（如 SecureCRT、MobaXterm、Putty、超级终端等）；若 PC 没有 COM 接口，则需要使用 USB 转串口的转接线，并安装好转接线驱动方可使用。
4. 准备超五类（或者六类）网络跳线，用于连接远程登录 PC。
本次学习活动以 S5720-36C-EI 交换机、SecureCRT 终端软件为例。

四、学习过程

（一）引导问题

1. 对比 Console 接口登录方式，Telnet 远程登录方式有何优势？
2. Telnet 登录管理设备安全吗？
3. 本次活动 2 和上一个活动 1 有关联吗？是否有先后顺序？

（二）计划与实施

♣ 步骤 1　连接 PC 与网络设备。

1. 通过 Console 配置线缆将 PC1（本地管理）的 COM 接口与网络设备的

075

Console 接口连接。

2. 通过超五类（或者六类）网络跳线将 PC2（远程管理）的以太网接口与网络设备的以太网接口相连接。

✥ 步骤 2 通过 Console 接口登录网络设备（具体操作请参考任务 6-1 中的内容）。

✥ 步骤 3 配置交换机管理 IP 地址（路由器则配置远程管理使用接口的 IP 地址）。

序号	操作说明	操作图示

1	创建管理 VLAN	`<HUAWEI> system-view`
		`[HUAWEI] vlan 5` //创建交换机管理VLAN 5
		`[HUAWEI-VLAN5] management-vlan`
		`[HUAWEI-VLAN5] quit`

2	配置管理 VLAN 的 IP 地址	`[HUAWEI] interface vlanif 5`
		`[HUAWEI-vlanif5] ip address 10.10.1.1 24`
		`[HUAWEI-vlanif5] quit`

3	将管理接口加入管理 VLAN	`[HUAWEI] interface GigabitEthernet 0/0/8` //假设连接网管的接口为
		`GigabitEthernet 0/0/8`
		`[HUAWEI-GigabitEthernet0/0/8] port link-type trunk`
		`[HUAWEI-GigabitEthernet0/0/8] port trunk allow-pass vlan 5`
		`[HUAWEI-GigabitEthernet0/0/8] quit`

✥ 步骤 4 配置 Telnet。

序号	操作说明	操作图示
1	开启 Telnet 服务	`<HUAWEI> system-view` `[HUAWEI] telnet server enable`
2	配置 VTY，选择协议类型为 Telnet	`[HUAWEI] user-interface vty 0 4` `[HUAWEI-ui-vty0-4] protocol inbound telnet` //指定VTY用户界面所支持的协议为Telnet

3	配置 VTY 用户界面的认证方式为 AAA，配置 AAA 用户的认证信息、接入类型和用户级别	`[HUAWEI-ui-vty0-4] authentication-mode aaa` //配置认证方式为AAA
		`[HUAWEI-ui-vty0-4] quit`
		`[HUAWEI] aaa`
		`[HUAWEI-aaa] local-user admin123 password irreversible-cipher abcd@123` //创建本地用户admin123，登录密码为abcd@123
		`[HUAWEI-aaa] local-user admin123 service-type telnet` //配置本地用户admin123的接入类型为Telnet方式
		`[HUAWEI-aaa] local-user admin123 privilege level 15` //配置本地用户admin123的级别为15

网络设备登录管理 **项目 6**

♣ **步骤 5** Telnet 登录交换机。

序号	操作说明	操作图示
1	设置 PC2（远程管理）网卡 IP 地址 注意： 管理 PC 的 IP 地址要与交换机管理 VLAN 的 IP 地址在一个网段	网络连接详细信息 网络连接详细信息(D)： 属性 值 连接特定的 DNS 后缀 描述 Realtek PCIe GbE Family Controller #2 物理地址 54-EE-75-39-88-5B 已启用 DHCP 否 IPv4 地址 10.10.1.2 IPv4 子网掩码 255.255.255.0
2	在命令提示符界面输入"Telnet"命令连接交换机，输入正确的用户名和密码后，成功登录交换机	Login authentication Username:admin123 Password: Info: The max number of VTY users is 15, and the number 　　of current VTY users on line is 2. 　　The current login time is 2018-12-22 18:33:18+00:00. <HUAWEI>

（三）评价反馈

评价内容		完成情况 （在相对应的选项里打√）				写出未完成 原因
		自我评价		小组评价		
一级指标	二级指标	已完成	未完成	已完成	未完成	
连接 PC 与网络设备	连接 Console 线缆					
	连接网络跳线					
登录网络设备	通过 Console 接口登录网络设备					
配置交换机管理 IP 地址	创建管理 VLAN					
	配置管理 VLAN 的 IP 地址					
	将管理接口加入管理 VLAN					
配置 Telnet	开启 Telnet 服务					
	配置 VTY，选择协议类型为 Telnet					
	配置 AAA 认证方式、用户的认证信息、接入类型和用户级别					

任务 6-2

077

续表

评价内容		完成情况（在相对应的选项里打√）				写出未完成原因
		自我评价		小组评价		
一级指标	二级指标	已完成	未完成	已完成	未完成	
Telnet 登录交换机	设置 PC2（远程管理）网卡 IP 地址					
	使用"Telnet"命令，输入用户名和密码后成功登录交换机					

五、学习拓展

（一）小词典

Telnet 协议：是 TCP/IP 协议族中的一员，是 Internet 远程登录服务的标准协议和主要方式。它为用户提供了在本地计算机上完成远程主机工作的能力。在终端使用者的电脑上使用 Telnet 程序，用它连接到服务器。终端使用者可以在 Telnet 程序中输入命令，这些命令会在服务器上运行，就像直接在服务器的控制台上输入一样。

VTY：全称是虚拟类型终端（Virtual Type Terminal），是一种虚拟线路端口，一个用户远程登录后占用一条 VTY，最多支持 15 个用户同时访问。VTY 中还配置了登录信息的认证方法。

AAA：分别为 Authentication（认证）、Authorization（授权）、Accounting（记账）。其中，"认证"为验证用户的身份与可使用的网络服务；"授权"为依据认证结果给用户开放网络服务；"记账"为记录用户对各种网络服务的用量，并提供给计费系统。

（二）小提示

1．安全提示。

网络设备正常运行过程中，禁止随意搬动设备。

2．操作提示。

网络设备配置完成后，必须在用户视图下输入"save"命令保存配置，否则设备断电重启后配置好的命令将会被清空。

网络设备登录管理　项目 6

任务 6-3　通过 STelnet 登录管理网络设备

一、建议学时

2 学时

二、学习目标

1．熟悉远程登录的过程。

2．能够正确地配置 SSH 认证方式，实现 STelnet 登录管理网络设备。

三、学习准备

1．准备网络设备（交换机或者路由器）。

2．准备 Console 配置线缆（一头 DB-9 孔，另一头 RJ45）。

3．准备带 COM 接口（DB-9 针）PC，并安装终端软件（如：SecureCRT、MobaXterm、Putty、超级终端等）；若 PC 没有 COM 接口，则需要使用 USB 转串口的转接线，并安装好转接线驱动方可使用。

4．准备超五类（或者六类）网络跳线，用于连接远程登录 PC。

本次学习活动以 S5720-36C-EI 交换机、SecureCRT 终端软件为例。

四、学习过程

（一）引导问题

使用 Telnet 为什么要结合 SSH？

（二）计划与实施

🧩 步骤 1　连接 PC 与网络设备（具体操作请参考任务 6-2 中学习过程小节里步骤 1 的内容）。

🧩 步骤 2　通过 Console 接口登录网络设备（具体操作请参考任务 6-1 中学习过程小节里步骤 3 的内容）。

🧩 步骤 3　配置交换机管理 IP 地址（具体操作请参考任务 6-2 中学习过程小节里步骤 3 的内容）。

079

网络系统 建设 与 运维实训教程

🧩 **步骤 4** 配置 SSH。

序号	操作说明	操作图示
1	配置 VTY，选择 AAA 认证方式	[HUAWEI] user-interface vty 0 4 [HUAWEI-ui-vty0-4] authentication-mode aaa　//配置VTY用户界面认证方式为AAA认证 [HUAWEI-ui-vty0-4] protocol inbound ssh　//配置VTY用户界面支持的协议为SSH，默认情况下开启SSH [HUAWEI-ui-vty0-4] user privilege level 15　//配置VTY用户界面的级别为15 [HUAWEI-ui-vty0-4] quit
2	开启 STelnet 服务器功能并创建 SSH 用户	[HUAWEI] stelnet server enable　//使能设备的STelnet服务器功能 [HUAWEI] ssh user admin123　//创建SSH用户admin123 [HUAWEI] ssh user admin123 service-type stelnet　//配置SSH用户的服务方式为STelnet
3	配置 SSH 用户认证方式为 Password 注意：使用 Password 认证方式时，需要在 AAA 视图下配置与 SSH 用户同名的本地用户	[HUAWEI] ssh user admin123 authentication-type password　//配置SSH用户认证方式为password [HUAWEI] aaa [HUAWEI-aaa] local-user admin123 password irreversible-cipher abcd@123　//创建与SSH用户同名的本地用户和对应的登录密码 [HUAWEI-aaa] local-user admin123 privilege level 15　//配置本地用户级别为15 [HUAWEI-aaa] local-user admin123 service-type ssh　//配置本地用户的服务方式为SSH [HUAWEI-aaa] quit
4	在服务器端生成本地密钥对	[HUAWEI] ecc local-key-pair create Info: The key name will be: HUAWEI_Host_ECC. Info: The key modulus can be any one of the following: 256, 384, 521. Info: If the key modulus is greater than 512, it may take a few minutes. Please input the modulus [default=521]:521 Info: Generating keys.......... Info: Succeeded in creating the ECC host keys.

🧩 **步骤 5** 客户端使用 STelnet 登录交换机。

序号	操作说明	操作图示
1	设置 PC2（远程管理）网卡 IP 地址 注意： 管理 PC 的 IP 地址要与交换机管理 VLAN 的 IP 地址在同一个网段	网络连接详细信息 ✕ 网络连接详细信息(D)： 属性　　值 连接特定的 DNS 后缀 描述　　Realtek PCIe GbE Family Controller #2 物理地址　　54-EE-75-39-88-5B 已启用 DHCP　　否 IPv4 地址　　10.10.1.2 IPv4 子网掩码　　255.255.255.0

080

网络设备登录管理　**项目 6**

续表

序号	操作说明	操作图示
2	通过 PuTTY 软件登录网络设备，通过 SSH 连接交换机，输入用户名和密码，成功登录交换机	 login as: admin123 Sent username "admin123" admin123@10.10.10.20's password: Info: The max number of VTY users is 8, and the number 　　　of current VTY users on line is 5. 　　　The current login time is 2018-12-22 09:35:28+00:00. 〈HUAWEI〉

（三）评价反馈

评价内容		完成情况 （在相对应的选项里打√）				写出未完成 原因
一级指标	二级指标	自我评价		小组评价		
		已完成	未完成	已完成	未完成	
连接 PC 与网络设备	连接 Console 配置线缆					
	连接网络跳线					
登录网络设备	通过 Console 接口登录网络设备					
配置交换机管理 IP 地址	创建管理 VLAN					
	配置管理 VLAN 的 IP 地址					
	将管理接口加入管理 VLAN					
配置 SSH	配置 VTY，选择 AAA 认证方式					
	开启 STelent 服务器功能并创建 SSH 用户					

任务 6-3

081

续表

评价内容		完成情况 （在相对应的选项里打√）				写出未完成 原因
		自我评价		小组评价		
一级指标	二级指标	已完成	未完成	已完成	未完成	
配置 SSH	配置 SSH 用户认证方式为 Password					
	在服务器端生成本地密钥对					
客户端使用 STelnet 登录交换机	设置 PC2（远程管理）网卡 IP 地址					
	通过 PuTTY 软件登录网络设备					

五、学习拓展

（一）小词典

SSH：是一个网络安全协议，通过对网络数据的加密，能够在一个不安全的网络环境中，提供安全的远程登录和其他的安全网络服务。

STelnet：是 Secure Telnet 的简称。它是在一个传统不安全的网络环境下，服务器通过对用户端的认证及双向的数据加密，为网络终端访问提供安全的 Telnet 服务。

（二）小提示

1. 安全提示。

网络设备正常运行过程中，禁止随意搬动设备。

2. 操作提示。

网络设备配置完成后，必须在用户视图下输入"save"命令保存配置，否则设备断电重启后配置好的命令将会被清空。

项目 7

机房周期巡检

一、学习目标

（一）知识与技能目标

1．理解机房周期巡检的目的和重要性，严格遵守巡检制度。

2．能够做好机房巡检前的准备工作，熟悉机房巡检的流程和维护工具的使用。

3．能够掌握各类设备和服务器的登录方式，保障设备的安全登录管理。

（二）过程与方法目标

1．熟悉机房巡检流程，掌握网络系统资源管理的方法，能够正确地识别各类网络设备及其正常运行状态。

2．能够在教师的指导下，通过自主学习、合作学习、探究学习等方式，独立完成机房周期巡检工作。

（三）情感态度与价值观目标

1．通过实训学习培养举一反三，分析、处理和解决问题的能力。

2．通过实训学习，建立规范操作的意识、标准意识。

3．培养认真负责、细致工作的态度。

网络系统建设 与 **运维实训教程**

二、 工作页

（一）项目描述

你在 A 公司的网络维护部门已实习一段时间，进行了机房维护巡检制度、巡检内容和问题处理方法的培训学习，主管安排你今天按照公司维护要求，对机房网络系统资源进行例行巡检维护，发现问题要及时处理并做好记录。

（二）任务活动及学时分配表

序号	任务活动	学时安排
1	机房环境和网络设备巡检维护	2 课时
2	网络系统硬件和软件资源管理	2 课时

（三）工作流程

机房环境和网络设备巡检维护
1. 例行巡检前准备工作
2. 例行巡检机房时，按要求进行登记后，通过刷门禁卡进入机房
3. 对设备运行环境进行检查，并将运行环境情况如实记录
4. 对设备运行状态进行检查，并将设备运行状况如实记录
5. 完成例行巡检签字确认，做好巡查表的存档

→

网络系统硬件和软件资源管理
1. 例行巡检前准备工作
2. 对网络系统硬件资源进行管理、巡检，按照巡查表中的内容进行检查，并将运行情况如实记录
3. 对网络系统软件资源进行管理、巡检，按照巡查表中的内容进行检查，并将运行情况如实记录
4. 完成例行巡检签字确认，做好巡查表的存档

机房周期巡检 **项目 7**

任务 7-1　机房环境和网络设备巡检维护

一、建议学时

2 学时

二、学习目标

1．熟记巡检流程，能够规范填写各类巡检表格。

2．正确地识别网络设备和连接线缆，熟记各种网络设备指示灯的正常运行状态。

3．正确地使用维护工具，及时处理巡检中发现的问题。

三、学习准备

1．巡检表格，用于记录机房设备情况。

2．网络测线仪（NF-468 型），可以测试网络 RJ45 和电话 RJ11 接口，确认线路通断状态。

3．网络寻线测试器，（NF-813C 型），可以快速在机房寻找到对应的终端线路，网络和电话都可用。

4．光万用表（NF-909 型），用来测量光纤链路的光功率损耗。

5．光纤光时域反射仪（CY-190S 型），也叫查找故障测试仪，用于测量光纤衰减、接头损耗、光纤故障点定位以及了解光纤沿长度的损耗分布等情况。

6．光纤打光笔，（BML-205.1 型），用于发送光源，检测光纤断点。

7．标签打印机（Brother E100 型），用于按要求对安装设备打印标签并粘贴。本次学习活动以中小型企业机房网络设备例行巡检为例。

四、学习过程

（一）引导问题

1．运维人员进行机房网络维护时有哪些注意事项？

2．例行机房维护主要包括哪些内容？

085

（二）计划与实施

步骤 1　例行巡检前准备工作。

检查巡检表格和书写工具是否准备齐全；确认网络测线仪、网络寻线测试器、标签打印机及相关维护工具是否完好可正常使用。巡检记录表如下图所示。

例行巡检过程中用到的主要工具、材料的名称和作用如下表所示。

巡检主要工具、材料	名称和作用	巡检主要工具、材料	名称和作用
	网络测线仪，测试网络 RJ45 和电话 RJ11 接口，确认线路通断状态		标签打印机，用于打印标签
	网络寻线测试器，快速寻找到对应的终端线路，网络和电话均可用		光纤打光笔，用于发送光源，检测光纤断点

机房周期巡检 **项目 7**

续表

巡检主要工具、材料	名称和作用	巡检主要工具、材料	名称和作用
	光万用表，测量光纤链路的光功率损耗		光纤跳线，用于网络设备的光口连接
	光纤光时域反射仪，用于测量光纤衰减、接头损耗、光纤故障点定位以及了解光纤沿长度的损耗分布等情况		六类双绞线跳线，用于网络设备的电口连接

✤ **步骤2**　例行巡检机房时，按要求进行登记后，通过刷门禁卡进入机房。

序号	操作说明	操作图示
1	进入机房时，按要求进行登记。书写字迹清晰，进出时间和人员信息完整	机房进出登记表 申请单位 单位联系人　联系电话 实施单位联系人　联系电话 工作内容、使用设备名称及需要机房协助的事项： 申请进出时间　年 月 日 时 分 至 年 月 日 时 分 备注：
2	完成登记后，刷门禁卡进入机房	

任务 7-1

087

网络系统 建设 **与** 运维实训教程

续表

序号	操作说明	操作图示
3	人员进入机房后，立即关好门，禁止无关人员进入机房	

🧩 **步骤3**　按照巡检记录表中的内容对设备运行环境进行检查，并将运行环境情况如实记录。当运行环境出现异常时，立即进行处理解决，并将处理过程做好记录。

序号	操作说明	操作图示
1	检查机房室内温度，温度范围 18～25℃ 检查机房室内湿度，相对湿度范围 35%～75%RH 检查空调运行状态是否正常	
2	检查机房供电电压是否正常 检查机房供电电流是否正常 检查机房设备功率是否正常 检查防雷装置是否正常	

088

机房周期巡检 **项目 7**

续表

序号	操作说明	操作图示
3	检查 UPS 设备运行是否正常	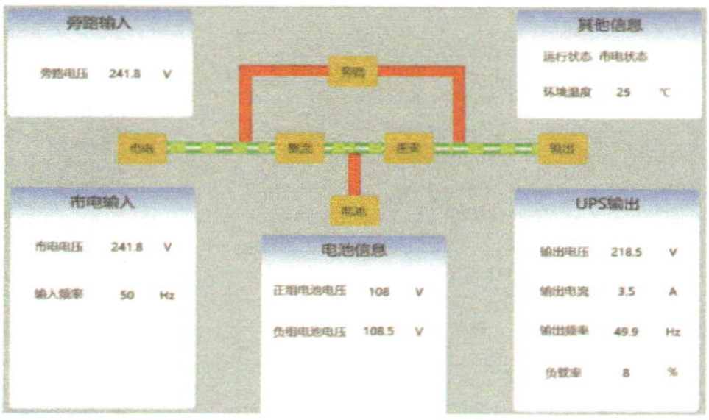
4	检查消防器材气压是否正常 检查消防器材是否超过质保期	 
5	检查机房内照明系统是否正常 检查机房门禁系统是否正常 检查机房内装修环境有无破损 检查机房内有无鼠蚁活动痕迹	

♣ 步骤 4 按照巡检记录表中的内容对设备运行状态进行检查,并将设备运行状况如实记录。当设备指示灯出现闪烁异常时,立即进行处理解决,并将处理过程做好记录。

序号	操作说明	操作图示
1	检查通信运营商带宽接入设备状态指示灯是否正常	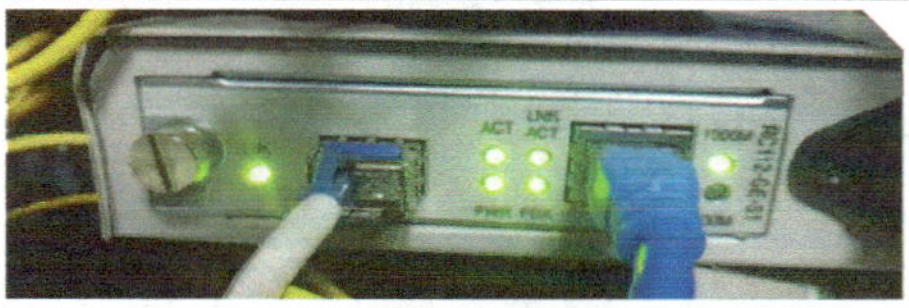
2	检查网络安全设备状态指示灯是否正常。例如,防火墙、安全应用网关的指示灯等	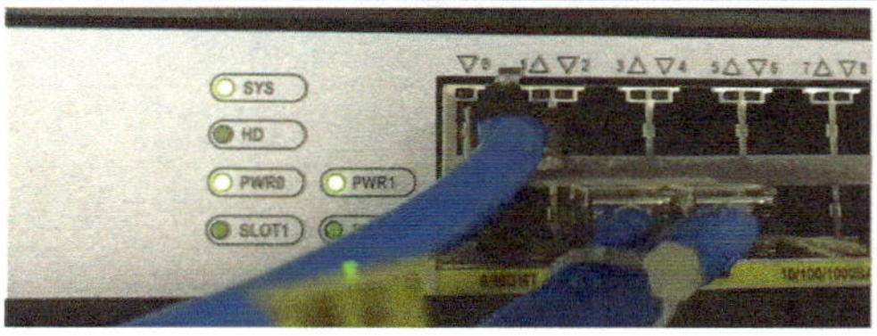

任务 7-1

089

续表

序号	操作说明	操作图示
3	检查网络交换机设备状态指示灯是否正常。例如，核心交换机、汇聚层交换机等	
4	检查设备标签是否破损、脱落 检查跳线标签是否破损、脱落	

步骤 5 按照巡检记录表中的内容完成例行巡检签字确认，做好巡检记录表的存档。

（三）评价反馈

评价内容		完成情况 （在相对应的选项里打√）				写出未完成原因
		自我评价		小组评价		
一级指标	二级指标	已完成	未完成	已完成	未完成	
例行巡检前准备工作	巡检表格和书写工具准备齐全					
	确认主要维修工具和配件准备齐全					
按要求进行登记后，进入机房	按要求进行登记					
	进入机房后,立即关好门					
设备运行环境检查	检查机房室内温度、湿度和空调状态					
	检查机房供电电压、电流、功率和防雷装置					

090

机房周期巡检 **项目 7**

续表

评价内容		完成情况（在相对应的选项里打√）				写出未完成原因
		自我评价		小组评价		
一级指标	二级指标	已完成	未完成	已完成	未完成	
设备运行环境检查	检查 UPS 设备状态					
	检查消防器材					
	检查机房照明和门禁					
	检查机房内有无鼠蚁活动痕迹					
设备运行状态检查	检查通信运营商带宽接入设备					
	检查网络安全设备状态					
	检查网络交换机设备状态					
	检查设备、跳线标签					
例行巡检后存档	完成例行巡检签字确认，做好存档					

任务 7-1

五、学习拓展

（一）小词典

OAM：（Operation Administration and Maintenance）网络运维也叫运维管理。维护（Maintenance）包括例行维护和故障维护。

UPS：（Uninterruptible Power Supply）即不间断电源，是一种含有储能装置的不间断电源。主要用于给部分对电源稳定性要求较高的设备提供不间断的电源。

（二）小提示

1．制度提示。

（1）机房巡检过程中，禁止携带食物和饮用水进入机房。

（2）机房巡检程中，禁止无关人员进入机房。

网络系统建设与运维实训教程

2. 操作提示。

（1）进入机房发现机房环境状态异常时，立即检查空调设备或动力电源是否正常，向维修部门上报故障情况，启动应急预案，做好记录并将情况上报部门主管。

（2）发现设备指示灯异常，根据指示灯状态使用维护工具进行检测、判断故障，快速解决问题，做好记录。

机房周期巡检 **项目 7**

任务 7-2　网络系统硬件和软件资源管理

一、建议学时

2 学时

二、学习目标

1. 熟记巡检流程，能够规范填写各类巡检表格。

2. 熟悉网络系统硬件和软件资源管理流程，熟记网络系统硬件和软件资源管理操作命令。

3. 及时处理巡检中出现的问题。

三、学习准备

1. 准备好巡检表格，用于记录机房设备情况。

2. 熟悉 SecureCRT、Xshell 等终端软件的使用。

本次学习活动以中小型企业机房网络设备例行巡检为例。

四、学习过程

（一）引导问题

1. SecureCRT 终端软件配置有什么注意事项？

2. 网络系统硬件和软件资源管理巡查主要包括哪些内容？

（二）计划与实施

步骤 1　例行巡检前准备工作。

检查巡检记录表和书写工具是否准备齐全；确认网络正常，巡检记录表如下图所示。

093

网络系统硬件和软件资源管理巡检记录表

巡检时间： 年 月 日　　　　　　　　　　　　　　　　巡检人：

一、设备状态

类型	检查项	情况	情况摘要
硬件资源遍检	设备远程登录	□正常 □异常	
	电子标签	□正常 □异常	
	CPU 占用率	□正常 □异常	
	内存占用率	□正常 □异常	
	电源系统状态	□正常 □异常	
	风扇运行状态	□正常 □异常	
	单板运行状态	□正常 □异常	
	单板运行环境温度	□正常 □异常	
	光模块当前收发光功率信息	□正常 □异常	
软件资源巡检	设备远程登录	□正常 □异常	
	看 CPU 占用率	□正常 □异常	
	内存占用率	□正常 □异常	
	硬盘占用率	□正常 □异常	
	License 管理信息	□正常 □异常	
	软件升级（Web 方式）	□正常 □异常	
	配置文件备份	□正常 □异常	

二、异常情况处理记录

序号	故障现象	处理方法	处理效果	完成日期	处理人签名
1					
2					
3					
4					
5					

如无异常情况，该表不用填写。

🧩 **步骤2**　对网络系统硬件资源进行管理、巡检，按照巡检记录表中的内容对其进行检查，并将运行情况如实记录。当出现异常时，立即进行处理解决，并将处理过程做好记录（以核心交换机为例）。

序号	操作说明	操作图示
1	查看电子标签 （display device manuinfo）	

机房周期巡检 **项目 7**

续表

序号	操作说明	操作图示
2	查看 CPU 占用率（display cpu）查看内存占用率（display memory）	[system] [system]display cpu ← 查看CPU占用率 Slot 0 CPU usage: 　5% in last 5 seconds 　5% in last 1 minute 　5% in last 5 minutes Slot 2 CPU usage: 　9% in last 5 seconds 　9% in last 1 minute 　9% in last 5 minutes [system] [system]display memory ← 查看内存占用率 System Total Memory(bytes): 388680800 Total Used Memory(bytes): 208682736 Used Rate: 53% [system]
3	查看电源系统状态（display power）查看风扇运行状态（display fan）	[system]display power ← 查看电源系统状态 Power　　　1 State: Normal Power　　　2 State: Normal [system]display fan ← 查看风扇运行状态 Fan　1 State: Normal [system]
4	查看单板运行状态（display device）查看单板运行环境温度（display environment）	[system] [system]display device ← 查看单板运行状态 Slot No. Brd Type　　Brd Status　Subslot Num　Sft Ver　　　Patch Ver 0　LSQ1SRPA　　Master　　0　S7500E-6710P03　None 1　NONE　　　Absent　　0　NONE　　　　None 2　LSQ1TGSBSC　Normal　　0　S7500E-6710P03　None 3　LSQ1TGS16SC　Normal　　0　S7500E-6710P03　None 4　LSQ1GP24TSC　Normal　　0　S7500E-6710P03　None 5　NONE　　　Absent　　0　NONE　　　　None 6　LSQ1GP24SC　Normal　　0　S7500E-6710P03　None 7　NONE　　　Absent　　0　NONE [system]display environment ← 查看单板运行环境温度 System temperature information (degree centigrade): -- Slot　Sensor　Temperature　Lower　Warning　Alarm　Shutdown 0　hotspot 1 40　　0　80　97　NA 2　hotspot 1 40　　0　80　97　NA 3　hotspot 1 45　　0　75　90　NA 4　hotspot 1 37　　0　80　97　NA 6　hotspot 1 37　　0　80　97　NA
5	查看光模块当前收发光功率信息（display transceiver diagnosis interface）	[system] [system]display transceiver diagnosis interface Ten-GigabitEthernet 3/0/2 Ten-GigabitEthernet3/0/2 transceiver diagnostic information: 　Current diagnostic parameters: 　Temp.('C) Voltage(V) Bias(mA) RX power(dBm) TX power(dBm) 　49　3.30　40.00　-15.32　-2.85 [system] [system]　　　　　　　　← 查看光模块当前收发光功率信息

任务 7-2

🔸 **步骤 3** 对网络系统软件资源进行管理、巡检，按照巡检记录表中的内容对其进行检查，并将运行情况如实记录。当软件出现异常时，立即进行处理解决，并将处理过程做好记录。

序号	操作说明	操作图示
1	通过 Web 页面登录设备	安全产品管理平台 👤 admin 🔒 ●●●●●●●●●● ● 记住用户名 登录

095

续表

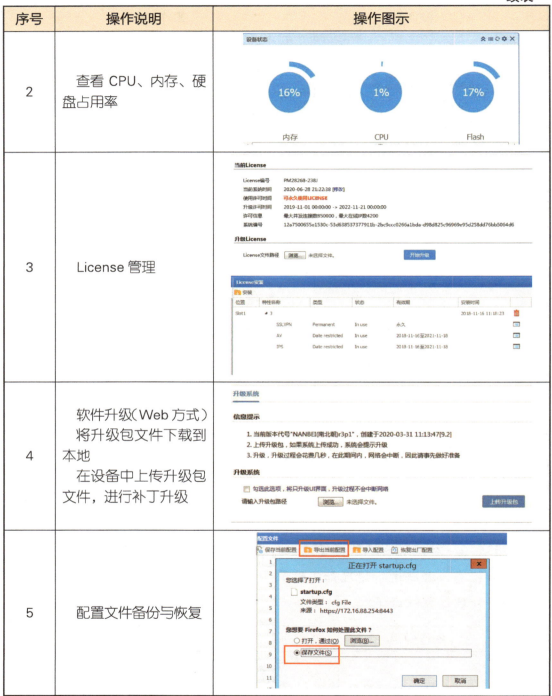

序号	操作说明	操作图示
2	查看 CPU、内存、硬盘占用率	
3	License 管理	
4	软件升级（Web 方式） 将升级包文件下载到本地 在设备中上传升级包文件，进行补丁升级	
5	配置文件备份与恢复	

♣ 步骤 4　按照巡检记录表中的内容完成例行巡检签字确认，做好存档。

（三）评价反馈

评价内容		完成情况 （在相对应的选项里打√）				写出未完成 原因
		自我评价		小组评价		
一级指标	二级指标	已完成	未完成	已完成	未完成	
例行巡检前准备工作	巡检记录表和书写工具准备齐全					
网络系统硬件资源管理、巡检	查看电子标签					
	查看 CPU 和内存占用率					
	查看电源系统状态和风扇运行状态					
	查看单板运行状态和运行环境温度					
	查看光模块当前收发光功率信息					
网络系统软件资源管理、巡检	通过 Web 页面登录设备					
	查看 CPU、内存、硬盘占用率					
	License 管理					
	软件升级（Web 方式）					
	配置文件备份与恢复					
例行巡检后存档	完成例行巡检签字确认，做好存档					

五、学习拓展

（一）小词典

电子标签：又称射频标签，也就是平常所称的设备序列号，在处理网络故障以及批量更换硬件等工作中，电子标签具有非常重要的作用。

License：也叫许可证，是供应商与客户对所销售/购买的产品（这里特指软件版本）使用范围、期限等进行授权/被授权的一种合约形式。

（二）小提示

操作提示包括以下几个方面。

（1）对网络系统软硬件资源进行管理、巡检通常使用远程连接方式进行，无须进入机房操作。

（2）登录密码设置应使用大写字母、小写字母、阿拉伯数字、特殊符号混合 8 位以上的密码。

（3）发现网络系统软硬件资源异常，根据提示判断，快速解决问题并做好记录。

项目 8

网络系统维护与故障处理

一、 学习目标

（一）知识与技能目标

1．熟悉网络维护须遵循的注意事项。

2．重视维护巡检工作，通过日常的例行维护发现并消除网络设备的运行隐患。

3．掌握故障信息采集、故障定位与诊断、故障修复的方法和流程，保障网络设备的正常运行。

（二）过程与方法目标

1．通过实训能够快速将所学知识融入网络系统维护工作中，理解并掌握网络系统维护及故障处理的知识及技巧。

2．能够在教师的指导下，通过自主学习、合作学习、探究学习等方式，掌握企业网络中常用的网络监控技术和运维排错方法。

（三）情感态度与价值观目标

1．通过实训学习，培养自主学习和独立处理问题的能力，能够根据实践经验扩展学习网络系统运维管理的知识。

2．通过实训学习培养网络安全意识、责任心和爱岗敬业的精神。

二、工作页

（一）项目描述

你在 A 公司的网络维护部门已实习一段时间了，进行了维护巡检制度、故障信息收集、定位诊断和故障处理技能的培训学习，主管安排你按照公司要求对机房网络系统进行例行维护，发现问题及时进行处理，并做好记录。

（二）任务活动及学时分配表

序号	任务活动	学时安排
1	网络系统维护和故障信息采集	2 课时
2	故障定位诊断与修复	2 课时

（三）工作流程

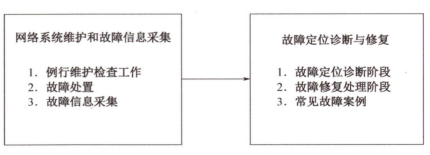

任务 8-1 网络系统维护和故障信息采集

一、建议学时

2 学时

二、学习目标

1. 熟悉所管理的网络设备，正确地识别网络设备和连接线缆，熟记各网络设备指示灯的正常运行状态。
2. 正确地使用维护命令工具采集设备故障信息。

三、学习准备

1. 严格遵守操作规程和行业安全规程，确保人身安全与设备安全。
2. 检查设备运行环境和设备运行状态，熟悉采集命令工具的使用。
3. 确保已正确地连接设备，及时收集故障相关的信息。

本次学习活动以中小型企业机房网络设备例行巡检为例。

四、学习过程

（一）引导问题

1. 运维人员进行网络故障处理时，有哪些设备故障信息采集方式？
2. 故障信息采集包括哪些内容？

（二）计划与实施

✦ 步骤 1　例行维护检查工作。

例行维护的目的是通过日常的例行维护发现并消除设备的运行隐患，主要包括以下内容。

- ☐ 设备运行环境检查。
- ☐ 设备基本信息检查。
- ☐ 设备运行状态检查。

◻ 接口内容检查。

◻ 业务检查。

（1）设备运行环境检查。

设备运行环境正常是保证设备正常运行的前提，日常例行维护过程中，要定期检查机房温度、湿度、空调运行状态、供电状况等。

◻ 温度：18～25℃。

◻ 湿度：机房相对湿度（RH）：35%～75%。

◻ 空调运行状态：稳定、无异响、无漏水等情况，确保温度、湿度状态正常。

◻ 供电情况：供电系统、UPS 系统、接地方式、防雷状况、安装规范性。

◻ 消防器材：未过质保期，气压正常。

◻ 其他：清洁状况、照明状况等。

（2）设备基本信息检查。

设备基本信息检查，主要检查设备的软件版本、License 许可、补丁信息、系统时间等是否正确。

◻ 软件版本：PCB 版本、软件版本、启动加载软件包等。

◻ License 信息：GTL License 文件名、版本及配置项，主控板 License 状态等。

◻ 补丁信息：补丁信息是否最新。

◻ 系统时间：系统时间设置是否准确。

◻ 其他：存储空间检查、设备信息中心，debug 开关，是否保存，连通性等。

（3）设备运行状态检查。

设备运行状态检查，主要检查设备的单板运行状态、设备复位情况、设备温度等是否正常。

◻ 单板运行状态：板块是否在线，状态是否正常。

◻ 设备复位状态：复位时间，复位原因，有无异常复位等。

◻ CPU、内存占用状态：CPU 占用小于 80%，内存小于 60%。

◻ 告警信息、日志信息。

◻ 其他：温度状态、风扇状态、电源状态等。

（4）接口内容检查。

常见的接口内容检查包括检查协商模式等信息。

◻ 接口错包：有无 CRC 等错包。

□ 接口配置：双工模式、速率、协商模式等是否正确。

□ 接口状态：接口物理状态是否满足要求。

□ PoE 供电：支持 PoE 供电的接口状态是否正常。

□ 接口统计数据：接口统计数据有无异常增长。

（5）业务检查。

业务检查主要检查包括 IP 业务、组播、路由等业务是否正常。

□ IP 流量统计。

■ 单次采集的错包和 TTL 超时报文数小于 100。

■ 正常情况下，两次采集的错包数和 TTL 超时报文数没有增长。

□ ICMP 流量统计。

■ "destination unreachable" "redirects" 项不超过 100。

🧩 步骤 2　故障处置。

例行维护检查中，发现设备运行状态异常时，应及时进行处置，过程大致分为：故障信息采集、故障定位与诊断、故障修复三个阶段。

🧩 步骤 3　故障信息采集。

（1）在发生业务故障时，首先应该收集故障相关的信息，需要收集的故障信息包括如下内容。

□ 发生故障的时间、故障点的网络拓扑结构（例如，故障设备连接的上下游设备、所处的网络位置）、导致故障的操作、故障后已采取的措施和结果、故障现象和影响的业务范围（例如，故障导致哪些接口的业务不正常）等。

□ 发生故障的设备的名称、版本、当前配置、接口信息等。

□ 发生故障时产生的日志信息。

（2）"display" 命令是网络维护和故障处理的重要工具，可用于了解设备的当前状况、检测相邻设备、总体监控网络、定位网络故障等，常见用于故障信息采集的 "display" 命令见下表。

序号	操作说明	操作图示
1	设备信息 （display device）	[Huawei] display device ARPSE180W8G's Device status: Slot　Sub Type　Online　Power　Register　Alarm　Primary 0　ARPSE180W8G　Present　PowerOn　Registered　Normal　Master

续表

序号	操作说明	操作图示

2	版本信息
	（display version）
		`< >display version`
		Comware Software, Version 7.1.045, Release 7168 ①
		Copyright (c) 2004-2015 Hangzhou H3C Tech. Co., Ltd. All rights reserved.
		H3C S7506E uptime is 0 weeks, 0 days, 0 hours, 7 minutes ②
		Last reboot reason : USER reboot ③
		Boot image: flash:/s7500e-cmw710-boot-r7168.bin
		Boot image version: 7.1.045, Release 7168
		  Compiled May 15 2015 10:25:23
		System image: flash:/s7500e-cmw710-system-r7168.bin
		System image version: 7.1.045, Release 7168
		  Compiled May 15 2015 10:25:23
		
		{表}
		项目 | 参考意义
		① | 系统当前运行的软件版本
		② | 系统运行时间
		③ | 上次重启原因

3	环境温度 （display environment）	`<Sysname> display environment` System temperature information (degree centigrade): Slot Sensor Temperature Lower Warning Alarm Shutdown 0 inflow 1 25 0 48 60 NA 0 hotspot 1 31 0 80 95 NA 项目 | 参考意义 Slot | 单板槽位号 Sensor | 单板温度监控点，分别为入风口、出风口、芯片 Temperature | 监控点实时温度 Lower | 低温告警阈值 Warning | 一般级（Warning）高温告警阈值 Alarm | 严重级（Alarm）高温告警阈值 Shutdown | 关断级（Shutdown）高温告警门限

4	CPU 使用信息
	（display cpu-usage）
		`<Sysname> display cpu-usage`
		Slot 0 CPU 0 CPU usage:
		  1% in last 5 seconds
		  0% in last 1 minute
		  0% in last 5 minutes
		
		Slot 1 CPU 0 CPU usage:
		  1% in last 5 seconds
		  1% in last 1 minute
		  1% in last 5 minutes

5	内存使用信息
	（display memory）
		`<Sysname> display memory`
		The statistics about memory is measured in KB:
		Slot 0:
		          Total Used Free Shared Buffers Cached FreeRatio
		Mem: 8149576 742964 7406612 0 4072 166852 90.9%
		-/+ Buffers/Cache: 572040 7577536
		Swap: 0 0 0
		
		Slot 2:
		          Total Used Free Shared Buffers Cached FreeRatio
		Mem: 725900 331512 394388 0 0 10260 54.3%
		-/+ Buffers/Cache: 321252 404648
		Swap: 0 0 0

6	电子标签信息
	（display device manuinfo）
		`< >display device manuinfo slot 3`
		Slot 3 CPU 0:
		DEVICE_NAME : LSQM2GT24TSSC0
		DEVICE_SERIAL_NUMBER : 210231A2Y0B153000012 ← 单板序列号信息
		MAC_ADDRESS : NONE
		MANUFACTURING_DATE : 2015-04-15
		VENDOR_NAME :
		
		`<Sysname> display device manuinfo power 0`
		Power 0:
		DEVICE_NAME : POWER
		DEVICE_SERIAL_NUMBER : 210231A0PPX134000373 ← 电源序列号信息
		MAC_ADDRESS : NONE
		MANUFACTURING_DATE : 2013-08-06
		VENDOR_NAME :

7	日志信息 （display logbuffer）	`<Sysname> display logbuffer chassis 0 slot 1` Log buffer: Enabled Max buffer size: 1024 Actual buffer size: 512 Dropped messages: 0 Overwritten messages: 0 Current messages: 127 %Jun 19 18:03:24:55 2006 Sysname SYSLOG/7/SYS_RESTART:System restarted ......略......
8	时间信息 （display clock）	`< >display clock` 15:35:41 UTC Wed 10/14/2015

续表

序号	操作说明	操作图示
9	补丁信息 （display patch- information）	`<...>display patch-information` Patch version : V200R008C10SPH005 ← 系统当前补丁版本 Patch package name: flash:/V200R008C10SPH005.pat
10	接口信息 （display interface）	`<Huawei>display interface Ethernet 0/0/2` Ethernet0/0/2 current state : DOWN Line protocol current state : DOWN Description:HUAWEI, Quidway Series, Ethernet0/0/2 Interface Switch Port, PVID : 12, TPID : 8100(Hex), The Maximum Frame Length is 1600
11	告警信息 （display trapbuffer）	`< >display trapbuffer` Trapping buffer configuration and contents: enabled Allowed max buffer size: 1024 Actual buffer size: 256 Channel number: 3, Channel name: trapbuffer Dropped messages: 0 Overwritten messages: 0 Current messages: 29
12	系统当前配置信息 （display current- configuration）	`<quidway>display current-configuration` ← 系统当前配置信息 !Software version v200R005C00SPC500 # sysname Quidway # vcmp role silent # vlan batch 13 inp disable # undo authentication unified-mode #

（3）"display diagnostic-information [file-name]"命令支持一键获取诊断信息，包括设备的启动配置、当前配置、接口信息、时间、系统版本等。如果不指定"file-name"参数，诊断信息会在终端显示；如果指定"file-name"参数，诊断信息会直接存储到指定的文本文件中。建议将诊断信息输出到指定的 txt 文件中，如下图所示。

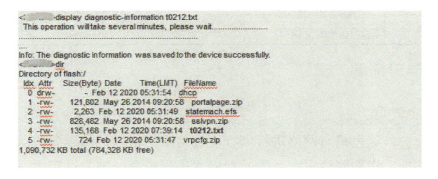

105

网络系统建设 与 运维实训教程

（三）评价反馈

评价内容		完成情况 （在相对应的选项里打√）				写出未完成原因
		自我评价		小组评价		
一级指标	二级指标	已完成	未完成	已完成	未完成	
例行维护检查工作	设备环境检查					
	设备基本信息检查					
	设备运行状态检查					
	接口内容检查					
	业务检查					
故障处置	故障信息采集					
	故障定位与诊断					
	故障修复					
故障信息采集	设备信息					
	版本信息					
	环境温度					
	CPU 使用信息					
	内存使用信息					
	电子标签信息					
	日志信息					
	时间信息					
	补丁信息					
	接口信息					
	告警信息					
	系统当前配置信息					
	将诊断信息输出到指定的 txt 文件中					

五、学习拓展

（一）小词典

例行维护：这里指对网络进行例行检查与维护，以消除设备的运行隐患。

故障处理：指在网络出现故障时对网络进行应急处理的过程。

106

（二）小提示

1. 安全提示。

运维人员在进行网络维护时必须遵循以下注意事项。

（1）发生故障时先评估是否为紧急故障，是紧急故障要使用预先制定的紧急故障处理方法尽快恢复故障模块，进而恢复业务。

（2）严格遵守操作规程和行业安全规程，确保人身安全与设备安全。

（3）更换和维护设备部件过程中，要做好防静电措施，佩戴防静电腕带。

（4）在故障处理过程中遇到的任何问题，应详细记录各种原始信息。

（5）所有的重大操作，如重启设备、擦除数据库等均应进行记录，并在操作前仔细确认操作的可行性，在做好相应的备份、应急和安全措施后，方可由有资格的操作人员执行。

2. 操作提示。

（1）一键获取设备诊断信息时，系统将连续打点表示正在进行诊断信息的收集和保存，请耐心等待系统提示符出现，正常情况打点过程不停顿，由于系统某种故障原因相邻打点间隔一般也不超过 2 分钟。

（2）诊断信息收集完成后，可以在用户视图下通过"dir"命令查看收集到的诊断信息是否成功保存到 Flash 中。

（3）收集完信息后，根据收集信息的方法将得到的信息文件保存到 PC。

任务 8-2 故障定位诊断与修复

一、建议学时

2 学时

二、学习目标

1．熟悉所管理的设备常见故障的原因。
2．正确地使用维护命令工具采集设备故障信息，掌握准确快速的定位故障的方法和步骤。

三、学习准备

1．掌握维护命令工具的使用语法。
2．掌握软件连接设备的配置方法，通过软件连接维护设备进行检查。
3．确保已正确地连接设备，及时定位修复出现的故障。
本次学习活动以中小型企业机房网络设备例行巡检为例。

四、学习过程

（一）引导问题

故障处理一般可以分为哪几个阶段？

（二）计划与实施

步骤 1 故障定位诊断阶段。

故障定位的目的是找出故障的原因，是故障处理中的核心工作，它依赖于前面收集的故障信息，信息收集的越完整越准确就越可以准确快速的定位。常见的故障原因有以下几种。

- 配置错误或不完整。
- 访问规则配置过于严格。
- 设备/协议兼容性问题。

网络系统维护与故障处理 **项目 8**

□ 设备变更，如配置修改、版本升级、板卡增删。

□ 网络中链路故障。周边设备配置改动。

□ 流量异常，如突发超高流量。

□ 硬件故障。

🧩 **步骤 2** 故障修复处理阶段。

故障处理的目的是消除故障现象，恢复网络正常运转，同时不会引起其他故障。处理故障时一般遵循以下 3 个步骤。

（1）通过收集到的故障现象列举可能的原因。该步骤通常需要故障处理人员具有较高的技术水平和经验。

（2）制定故障排查方案。指定故障排查方案时，运维人员需根据自己的网络状况、故障严重程度综合考虑多种因素，包括故障原因排查顺序、确定排查方法和工具、预估故障排查时间、确定故障原因后的处理方式等。

（3）按照故障排查方案依次进行故障排查。故障排查时，在进行下一方案之前，需要将网络恢复到实施上一方案前的状态。如果保留上一方案对网络的改动，可能会对故障原因的定位产生干扰并且可能导致新的故障产生。

任务 8-2

（三）常见故障案例

根据一键获取诊断到的设备信息，进行检测相关设备、定位网络故障，常见设备故障处理的方法和步骤见下表。

序号	操作说明	操作图示

1	电源模块故障（不上电）
	确认设备电源开关已打开,电源线缆已插牢
	使用"display power"命令查看电源模块状态
	如果该电源模块显示为 Absent 状态，表示电源模块没有安装牢固，将电源模块拆卸后重新安装
	如果该电源模块显示为 Fault 状态，表示电源模块异常，无法供电
		电源模块状态指示灯
		
		`< > display power`
		`Chassis 1:`
		`Power      1 State: Absent`
		`Power      2 State: Normal`
		`Chassis 2:`
		`Power      1 State: Normal`
		`Power      2 State: Absent`

109

续表

序号	操作说明	操作图示

2	风扇模块故障
	
	使用"display fan"命令查看风扇模块状态
	
	如果风扇模块显示为 Absent 状态，表示风扇模块不在位或没有安装牢固，拆卸后重新安装
	
	如果风扇模块显示为 Fault 状态，表示风扇模块异常，无法提供抽风散热功能
		
		OK
		FAIL
		
		`< ▨ > display fan`
		`Chassis 1:`
		`Fan    1 State: Normal` ← 风扇模块工作状态正常
		`Chassis 2:`
		`Fan    1 State: Normal`

3	以太网接口不启动故障 使用"display interface brief"命令查看两个接口的速率、双工配置是否匹配，若不匹配，通过"speed"命令和"duplex"命令配置 检查链路情况，更换网络跳线 做环回测试。如果环回测试正常，表明对端设备可能存在问题；否则，更换接口进行下一步测试 在同一单板上更换接口并做环回测试，发现还是无法"UP"，则判定为单板故障 以上故障均排除后，如问题仍不能解决，收集故障信息并联系技术支持	

110

网络系统维护与故障处理 **项目 8**

续表

序号	操作说明	操作图示
4	光口不启动故障 使用"display interface brief"命令查看两个接口的速率、双工配置是否匹配，若不匹配通过"speed"命令和"duplex"命令配置 检查链路情况，更换能正常工作的光纤和光模块来验证光纤或光模块是否有问题 使用"display transceiver diagnosis interface"命令查看光模块的数字诊断参数的当前测量值。若该光模块的光功率不正常，更换同一型号的正常光模块	[　] display transceiver diagnosis interface gigabitethernet1/0/1 GigabitEthernet1/0/1 transceiver diagnostic information: 　Current diagnostic parameters: Temp.(℃)　Voltage(V)　Bias(mA)　RX power(dBM)　TX power(dBM) 40　　　　3.34　　　1.13　　　-20.43　　　　0.20
5	使用"display transceiver interface"命令检查两端的光模块工作波长、距离等参数是否一致 以上故障均排除后，如问题仍不能解决，收集故障信息并联系技术支持	[　] display transceiver interface ten-gigabitethernet 1/3/0/15 Ten-GigabitEthernet1/3/0/15 transceiver information: 　Transceiver Type　　　　: 1000_BASE_SX_SFP 　Connector Type　　　　 : LC 　Wavelength(nm)　　　　 : 850　←── 波长 　Transfer Distance(m)　 : 550(50um),270(62.5um) 　Digital Diagnostic Monitoring : YES　传输距离 　Vendor Name　　　　　　: H3C 　Ordering Name　　　　　: SFP-GE-SX-MM850-A
6	单板故障（无法上电） 确认设备电源开关已打开，电源线缆已插牢 使用"display device"命令查看单板运行块状态是否正常，如看不到单板信息，表示单板异常，重新插紧仍不正常，进行单板更换 检查单板是否已经正确的安装。如果没有正确的安装请重新安装	[023wg.com]display device slot 0 S3700-52P-SI-AC's Device status: Slot Sub Type　Online　Power　Register　Status　Role 0　-　3752F　Present　PowerOn　Registered　Normal　Master

任务 8-2

111

续表

序号	操作说明	操作图示
6	使用"display version"命令查看软件的版本信息，将显示的版本信息提交给技术支持，确认单板是否支持该软件版本	``` <Quidway>display version Huawei Versatile Routing Platform Software VRP (R) software, Version 5.150 (S5700 V200R005C00SPC500) Copyright (C) 2000-2015 HUAWEI TECH CO., LTD Quidway S5700-28C-SI Routing Switch uptime is 3 weeks, 6 days, 16 hours, 19 minutes CX22EFGEC 0(Master) : uptime is 3 weeks, 6 days, 16 hours, 18 minutes 256M bytes DDR Memory 32M bytes FLASH Pcb Version : VER.B Basic BOOTROM Version : 246 Compiled at Jul 2 2015, 16:58:12 CPLD Version : 6 Software Version : VRP (R) Software, Version 5.150 (V200R005C00SPC500) FORECARD information Pcb Version : ES510X2S VER.B FANCARD I information Pcb Version : FAN VER.B PWRCARD I information Pcb Version : PWR VER.B <Quidway> ```
7	单板故障（无法注册） 确认设备电源开关已打开,电源线缆已插牢 使用"display device"命令查看单板运行块状态，显示单板的"Register"状态为"Unregistered" 检查单板是否已经正确的安装。如果没有正确的安装请重新安装 使用"display version"命令查看单板的型号、版本是否与设备匹配，并联系技术支持，恢复单板软件	[023wg.com]display device slot 0 S3700-52P-SI-AC's Device status: Slot Sub Type Online Power Register Status Role - 0 - 3752F Present PowerOn Registered Normal Master ``` <Quidway>display version Huawei Versatile Routing Platform Software VRP (R) software, Version 5.150 (S5700 V200R005C00SPC500) Copyright (C) 2000-2015 HUAWEI TECH CO., LTD Quidway S5700-28C-SI Routing Switch uptime is 3 weeks, 6 days, 16 hours, 19 minutes CX22EFGEC 0(Master) : uptime is 3 weeks, 6 days, 16 hours, 18 minutes 256M bytes DDR Memory 32M bytes FLASH Pcb Version : VER.B Basic BOOTROM Version : 246 Compiled at Jul 2 2015, 16:58:12 CPLD Version : 6 Software Version : VRP (R) Software, Version 5.150 (V200R005C00SPC500) FORECARD information Pcb Version : ES510X2S VER.B FANCARD I information Pcb Version : FAN VER.B PWRCARD I information Pcb Version : PWR VER.B <Quidway> ```

（四）评价反馈

评价内容		完成情况（在相对应的选项里打√）				写出未完成原因
		自我评价		小组评价		
一级指标	二级指标	已完成	未完成	已完成	未完成	
故障定位诊断和修复处理	电源模块故障（不上电）					
	风扇模块故障					
	以太网接口不启动故障					

网络系统维护与故障处理 **项目 8**

续表

评价内容		完成情况 （在相对应的选项里打√）				写出未完成 原因
		自我评价		小组评价		
一级指标	二级指标	已完成	未完成	已完成	未完成	
故障定位诊断和修复处理	光口不启动故障					
	单板故障（无法上电）					
	单板故障（无法注册）					

五、学习拓展

（一）小词典

光模块（optical module）：由光电子器件、功能电路和光接口等组成，光电子器件包括发射和接收两部分。光模块的作用就是发送端把电信号转换成光信号，通过光纤传送后，接收端再把光信号转换成电信号。多模光模块的工作波长一般是 850nm，单模光模块的工作波长一般是 1310nm、1550nm。

（二）小提示

操作过程中需注意以下几点。

（1）调整线缆一定要慎重，调整前要进行标记，以防误接。

（2）对设备进行复位，改动业务数据之前做好备份工作。

（3）在对设备版本进行升级前，请详细阅读《版本说明书》中升级指导，并全面备份相关配置。

（4）用于系统管理、设备维护的用户名和口令应该严格管理，定期更改，并只向特定相关人员发放。

反侵权盗版声明

    电子工业出版社依法对本作品享有专有出版权。任何未经权利人书面许可，复制、销售或通过信息网络传播本作品的行为；歪曲、篡改、剽窃本作品的行为，均违反《中华人民共和国著作权法》，其行为人应承担相应的民事责任和行政责任，构成犯罪的，将被依法追究刑事责任。

    为了维护市场秩序，保护权利人的合法权益，我社将依法查处和打击侵权盗版的单位和个人。欢迎社会各界人士积极举报侵权盗版行为，本社将奖励举报有功人员，并保证举报人的信息不被泄露。

举报电话：（010）88254396；（010）88258888

传　　真：（010）88254397

E-mail：　　dbqq@phei.com.cn

通信地址：北京市万寿路 173 信箱

          电子工业出版社总编办公室

邮　　编：100036